工业设计系列培训教程

# Rhino7

## 犀利建模

长沙卓尔谟教育科技有限公司
沈应龙　刘志雄　陈国仁　刘金阳　编著

机械工业出版社

本书是由长沙卓尔谟教育科技有限公司编写的一部以 Rhino7（犀牛软件）建模方法教学为核心的综合性教程。书中深入浅出地讲解了 Rhino7 建模的基本原理，并创造性地总结出了多个建模分析思路，能让读者在演练一系列教学案例的同时，循序渐进地增强独立自主分析及构建各类产品模型的能力。本书主要内容包括：犀牛建模的世界观、犀牛的理论基础、建模分析方法、卓尔谟高阶案例精讲、参数化建模、SubD 细分曲面建模。

　　本书适于具备一定软件基础的学习者学习，也可作为高等院校工业设计专业教材和培训机构的培训教学用书。

**图书在版编目（CIP）数据**

Rhino7犀利建模 / 长沙卓尔谟教育科技有限公司等编著. — 北京：机械工业出版社，2021.1（2024.1重印）

工业设计系列培训教程

ISBN 978-7-111-67488-7

Ⅰ.①R…　Ⅱ.①长…　Ⅲ.①产品设计 – 计算机辅助设计 – 应用软件 – 教材　Ⅳ.①TB472–39

中国版本图书馆CIP数据核字（2021）第024746号

机械工业出版社（北京市百万庄大街22号　邮政编码100037）
策划编辑：陈玉芝　责任编辑：陈玉芝　王　博
责任校对：肖　琳　封面设计：张　静
责任印制：常天培
北京宝隆世纪印刷有限公司印刷
2024年1月第1版第5次印刷
184mm×260mm・8.75印张・212千字
标准书号：ISBN 978-7-111-67488-7
定价：49.00元

电话服务　　　　　　　　　　　　网络服务
客服电话：010-88361066　　　机　工　官　网：www.cmpbook.com
　　　　　010-88379833　　　机　工　官　博：weibo.com/cmp1952
　　　　　010-68326294　　　金　书　网：www.golden-book.com
**封底无防伪标均为盗版**　　　机工教育服务网：www.cmpedu.com

# 前　言

Rhino7 建模的基本原理是什么？

易于理解的产品造型建模思路是什么样的？

Rhino7 的新参数化插件 GrassHopper 和多边形建模插件 SubD 该如何使用？

建模真的只能是那么枯燥乏味吗？

一直以来，很多读者在学习 Rhino7 建模的过程中往往会陷入迷茫，面对数千个建模指令（且还在继续增加）不知道该如何掌握，即使掌握了，面对产品造型建模过程中的各类造型，又不知道该如何分析并制订合适的建模策略。这其实是陷入了一种只见树木不见森林的学习误区。尤其对于初学者，需要把握的不是每个功能在哪里，每个命令具体该怎么用，而是要对 Rhino7 有一个宏观的认识，了解其大致的运行规律和作用机制。或者说，如果读者把自己摆在 Rhino7 设计者而不是学习者的位置，反而能够更好地理解这个软件，从而更高效地掌握它。

本书前四章分别从基础操作、基本原理、建模思路和建模实例 4 个方面循序渐进地介绍了 Rhino7 的主要内容，后面两章提纲挈领地介绍了 Rhino7 新增的两个建模板块——GrassHopper 参数化建模插件和 SubD 多边形建模插件。和其他面面俱到的保姆式建模教程不同，本书更加强调建模思路和规律，而不是让核心思路掩盖在冗长而没有重点的步骤图中，是在建模的过程中带着读者去思考，而不是填鸭。希望读者能从本书中感受到三维建模的魅力，并真正开始自主思索产品造型的建模策略。为便于读者学习，随书附赠案例资料，可扫描下方二维码关注"大国技能"微信公众号，回复"Rhino"即可下载。还可扫码在线学习基础教程视频。

最后，感谢卓尔谟教育软件教研部全体人员的努力付出。在本书写作过程中，参考了国内外专家的一些制作方法，使用了一些相关图片资料并尽量地在书中做出了标注，但是由于条件所限，不能一一告知，在此一并表示衷心感谢！

由于编者水平所限，本书不妥之处在所难免，恳请广大读者批评指正。

编　者

基础教程视频

大国技能

回复"Rhino"下载案例资料

# | 目　录

# 01 | 第一章 犀牛建模的世界观

## 第一节 从空间直角坐标系到三维模型

　　建模软件所要解决的问题，实际上是如何在一个虚拟的空间内描述三维造型。不同的建模方式给出了不同的描述体系，例如 NURBS、Polygon 等。

　　Rhinoceros（犀牛，以下简称 Rhino）便是一个以 NURBS 原理为建模基础的三维造型软件。那么 Rhino 又是如何在一个虚拟的空间里描述一个造型的呢？在这里我们暂且抛弃对 NURBS 抽象而又深入的描述，回忆一下是怎么解决高中数学里面的空间几何题目的：先建立一个包含 X、Y、Z⊖ 方向的空间直角坐标系，这样这个空间里面的任意一点均可以用一个坐标（x，y，z）来表示，也就是说，只要有 3 个数字，我们便能够描述这个空间里面的任意一个点。Rhino 里的空间直角坐标系如图 1-1 所示。

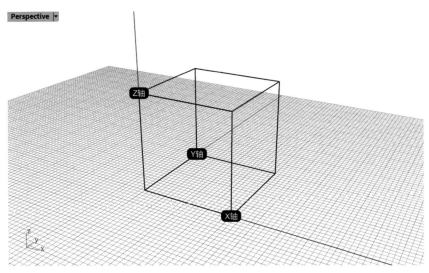

图 1-1　Rhino 里的空间直角坐标系

　　接着引入更多的点。两个点可以确定一条线段，3 个点可以确定一条抛物线，当点数足够多时，我们就能在这个空间直角坐标系里面描述任意一条曲线，如图 1-2 所示。

　　⊖ X、Y、Z 表示坐标轴时应为斜体，为与软件一致，本书仍用正体。——编者注。

图 1-2　点到线的过程

接下来说的是面。读者可以观察一下日常所穿着的衣服面料，很多都是采用了横竖两个方向的线织成的，也就是说，可以把一个面看作是由无数根横着的纬线和竖着的经线构成的（在 Rhino 中称这两个方向为 U 方向和 V 方向）。只要有足够多的线，便能够精准地描述一个曲面，如图 1-3 所示。

同理，对于实体，通常也可以将表面看作是由多曲面构成的，因此，只要有足够多的曲面，便能够精准地描述一个实体，如图 1-4 所示。

至此，便完成了空间直角坐标系 - 点 - 线 - 面 - 体这样的形体维度提升，如图 1-5 所示。这便是 Rhino 描述一个造型的基本逻辑。

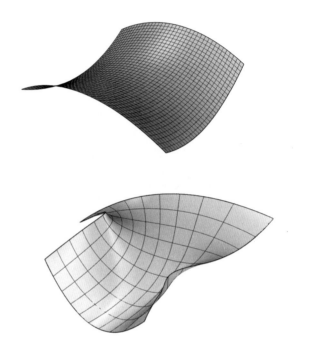

图 1-3　曲面的 U、V 方向

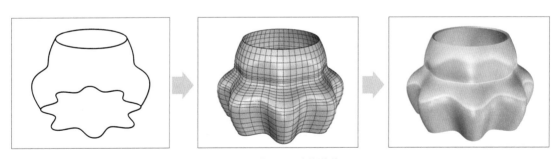

图 1-4　线 - 面 - 体的递进

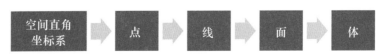

图 1-5　形体维度提升

## 第二节　Rhino7 界面的分布逻辑

图 1-6 所示为 Rhino7 的基础工作界面（背景颜色已由默认的灰色渐变自定义为白色）。

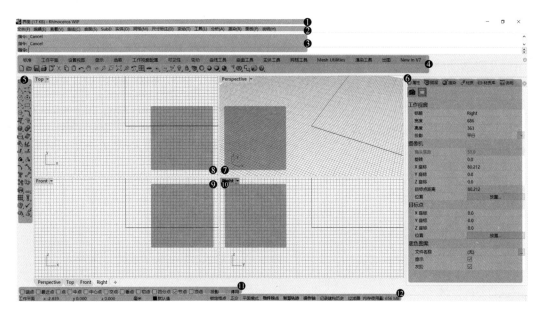

图 1-6　Rhino7 的基础工作界面

❶ 标题栏—文件名称、文件大小、软件版本　　　　　❼ 三视图—透视图

❷ 菜单栏—文本命令　　　　　　　　　　　　　　❽ 三视图—顶视图<sup>⊖</sup>

❸ 指令栏—指令的输入与提示　　　　　　　　　　❾ 三视图—前视图

❹ 标准工具栏—工具、插件分门别类　　　　　　　❿ 三视图—右视图

❺ 主要工具栏—常用工具　　　　　　　　　　　　⓫ 物件锁点

❻ 辅助面板—查看属性、设置图层、观察状态、赋予材质　⓬ 建模辅助—辅助建模及显示当前状态

## 一、指令栏

建模软件的本质是帮助用户描述一个形体而建模的过程，实质上是一个不断和建模软件沟通交流信息，使得建模软件能够充分理解并且准确地描述用户期望的形态的过程。那么"指令栏"便起到了沟通交流信息的窗口作用。例如，当用户需要画圆时，在指令栏里输入"Circle"即可，指令栏会引导用户做下一步操作，如图 1-7 所示。

图 1-7　基础指令操作

⊖　实为"俯视图"，为与软件一致，本书仍使用"顶视图"。——编者注

其他操作同理。所以，用户在建模过程中需要养成一个经常观察指令栏的良好习惯，在这里，Rhino7 会引导用户使用命令、显示功能选项、解释错误原因，以及显示计算结果。例如，可以通过直接输入"Length"指令来调用求长度的功能，如图 1-8 所示。

图 1-8　用输入指令的方式获取曲线长度

但是，毕竟这样的操作过于烦琐，不符合图形化界面的要求（可能接触过 DOS 系统的同学会对此感受尤为深刻），因此，Rhino7 将所有指令封装成了图标的形式，当用户鼠标左键单击画圆这个命令的时候，就相当于在指令栏里输入了"Circle"指令，如图 1-9 所示。

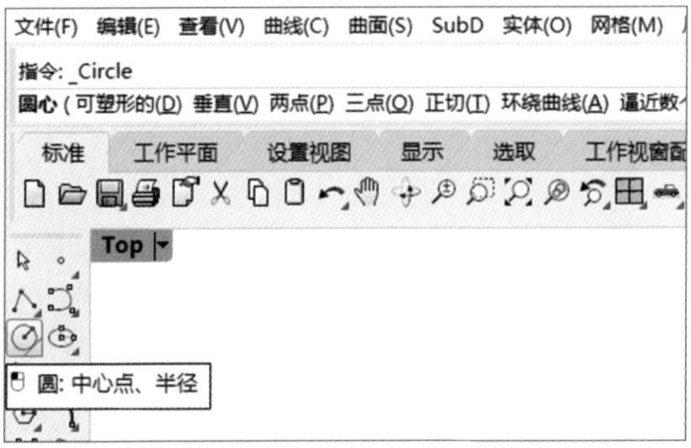

同时，如果对于 Rhino7 已有一定了解，可以在命令编辑面板修改、自定义功能，如图 1-10 所示。甚至可以进一步通过 C 语言、Python 等编写更多的工具。

图 1-9　在 Rhino7 里画圆

图 1-10　在 Rhino7 里自行组合基础功能

## 二、标准和主要工具栏

为了便于学习，Rhino7 的标准工具栏和主要工具栏的工具设置极富逻辑性。标准工具栏就像是一个收纳抽屉，将不同作用的工具分门别类放在了一个个小选项卡下，如图 1-11 所示。同样，如果用户导入第三方插件，插件的工具栏也会以小选项卡的形式存在于标准工具栏，例如 Vray for Rhino 渲染插件、卓尔谟犀牛插件等。

| 标准 | 工作平面 | 设置视图 | 显示 | 选取 | 工作视窗配置 | 可见性 | 变动 | 曲线工具 | 曲面工具 | 实体工具 | 网格工具 | Mesh Utilities | 渲染工具 | 出图 | New in V7 |

图 1-11 标准工具栏界面

主要工具栏是用户建模过程中所依赖的主力军。虽然工具的数目很多（除了当前看到的工具图标外，如果一个图标的右下角有小三角形，代表这里存在一个卷展栏，里面还有一系列相关工具），但是它们的排布遵从一定的规律性，因而只要熟悉了排布的逻辑，那么哪怕对工具所在的位置不是很熟悉，也能比较快速地找到对应的工具，如图 1-12 所示。

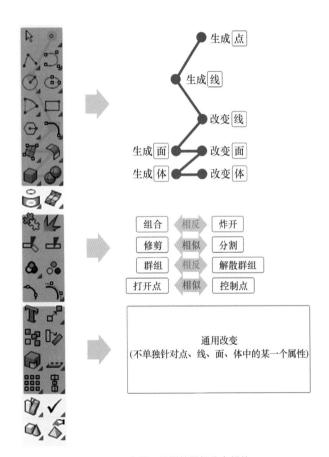

图 1-12 主要工具栏的图标分布规律

上面部分负责点、线、面、体 4 个建模基本元素的生成和改变，每一个单一元素的生成工具后面一般会伴随着相应的改变工具，例如立方体工具（体的生成）和布尔工具（体的改变）。

中间部分的工具具有的一个典型特征，就是功能相似或者相反的工具往往挨得很近，甚至分属一个工具的左键和右键，例如组合工具和炸开工具。这样的规律在其他地方也同样存在。

下面部分的工具也是主要与调整相关，但往往不只针对某一类元素。例如，旋转工具既能旋转曲线，也能旋转面和实体。

对于主要工具栏的工具，可以用这样一段口诀速记。

> 点、线、面、体
> 从生成到改变
> 从指向到通用
> 相似、相反在一起

# 第三节　基本操作方式

## 一、视图控制

Rhino 的界面上默认有 4 个视窗（一个透视图和一组三视图），用户正是通过这 4 个窗口才能直观并且准确地观察 Rhino 虚拟世界。那么如何在 Rhino 的世界里遨游呢？操控视图的基本方式如图 1-13 所示。

| | 平移视图 | 〈Shift〉+ 鼠标右键并拖动 |
|---|---|---|
| 透视图 | 旋转视图 | 鼠标右键拖动 |
| | 缩放视图 | 旋转鼠标滚轮 |
| 三视图 | 平移视图 | 鼠标右键拖动 |
| | 缩放视图 | 旋转鼠标滚轮 |

图 1-13　操控视图的基本方式

双击视图选项卡，即可将当前视图最大化或者还原原本大小，如图 1-14 所示。

图 1-14　最大化视图与还原视图

鼠标右键单击选项卡（或单击选项卡上的三角形图标），即可打开显示模式卷展栏，在不同的显示模式间切换，从而更清晰、直观、准确地观察当前模型，如图 1-15 所示。

在标准工具栏的"设置视图"选项卡中，可以进一步对当前工作视窗进行调整，如图 1-16 所示。其他配置工具的使用同理。

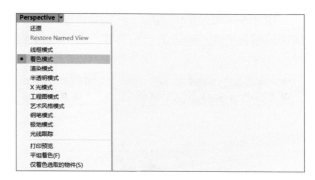

图 1-15 切换不同的显示模式

图 1-16 在"设置视图"选项卡中调整视图

## 二、物件选取

通过如图 1-17 所示的多种选取方式的搭配使用，用户便可以高效地在 Rhino 中选择想要进行操作的模型。

| 选取工具 | 点选 | 鼠标左键单击想要选取的物件 |
|---|---|---|
| | 框选 | 由左至右拖拽出框选方框选取物件——只有完全在选框内，才会被选中<br>由右至左拖拽出框选方框选取物件——只要有一部分在选框内，就会被选中 |
| | 加选 | 〈Shift〉+ 点选 / 框选，将当前物件添加到选取集合 |
| | 减选 | 〈Ctrl〉+ 点选 / 框选，将当前物件移出选取集合 |
| | 全选 | 〈Ctrl+A〉，选取当前所有可被选中物件 |

图 1-17 选取物件的操作方法

早期版本的 Rhino，对物件的选取仅有两种状态，即"选中"和"未选中"。在 Rhino7 中，用户可以通过同时按住〈Ctrl+Shift〉+ 鼠标左键点选物件来快速选择几何体上的边缘或者单个曲面（即子物件），从而快速调整几何体的造型，如图 1-18 所示。不过当造型比较复杂的时候容易出现不理想的结果，所以一般用于简单造型的快速调整。

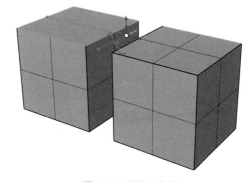

图 1-18 选取子物件

在标准工具栏的"选取"选项卡和建模辅助的"选取过滤器"命令中，还有更多工具可以帮助用户更方便地选取目标物件，如图 1-19 和图 1-20 所示。

图 1-19 "选取"选项卡

图 1-20 "选取过滤器"命令

## 三、授人以渔

Rhino 对于初学者友好的一点便是自带了工具说明书。使用方法如下。

1）单击界面最右边的"说明"选项卡，如果没有，可以在右侧空白栏上右击，然后勾选"说明"字样。

2）单击需要查看说明讲解的工具图标。此时"说明"页面会实时更新当前工具的明细，包括功能、使用步骤、教程动画和扩展知识等，如图 1-21 所示。

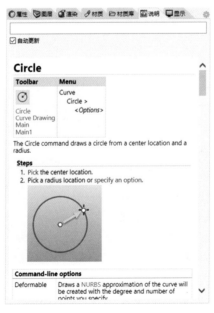

图 1-21 Rhino 的"说明"页面

3）建模过程中若遇到很多问题，可以单击菜单栏的"说明"-"常见问答集"，从浏览器打开 Rhino 的在线常见问题页面获取答案，如图 1-22 和图 1-23 所示。

图 1-22　打开 Rhino 的常见问题页面

图 1-23　Rhino 的在线常见问题页面

# 02 | 第二章　犀牛的理论基础

## 第一节　NURBS 曲线

NURBS 是非均匀有理 B 样条（Non-Uniform Rational B-Splines）的缩写，国际标准化组织（International Organization for Standardization，ISO）于 1991 年正式颁布了关于工业产品几何定义的 STEP（Standard for The Exchange of Product Model Data）国际标准，把 NURBS 方法作为定义工业产品几何形状的唯一数学方法。NURBS 可用于描述三维几何图形。它是一种非常优秀的建模方式，许多三维软件都支持这种建模方式。NURBS 能够比传统的网格建模方式更好地控制物体表面的曲率，从而创建出更加光顺的曲面，如图 2-1 所示。

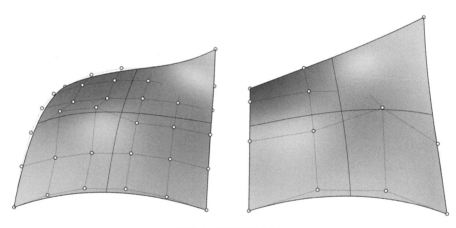

图 2-1　NURBS 曲面

简单来说，NURBS 是专门用来定义曲面物件的一种描述手段。NURBS 做出的造型由曲线和曲面来定义。就是因为这一特点，可以用它做出各种复杂的曲面造型。

符合 NURBS 原理的曲线，在建模的过程中有 3 个值得注意的基本属性，即阶数、控制点、均匀性。

什么是阶数呢？

前面介绍了不少建模软件的造型描述逻辑，即先确定一个空间直角坐标系，然后通过参数来确定点，继而去定义线，最终到面、到体。那么 Rhino 又是如何通过多个点去描述一条线的呢？

10

$$P(t) = \sum_{t=0}^{n} P_i F_{i,n}(t), t \in [0,1] \qquad F_{i,n}(t) = \frac{1}{n!} \sum_{j=0}^{n-i} (-1)^j c_{n+1}^j (t+n-i-j)^n$$

这便是控制点与其所描述的曲线之间的函数关系，也就是 B 样条曲线的定义。

当然，作为一本非图形学专业类的书籍，上述函数并不能向大多数人说清楚控制点跟曲线之间的对应关系。下面用一个简化过的，近似的描述方式简述一下两者的关系，如图 2-2 所示。

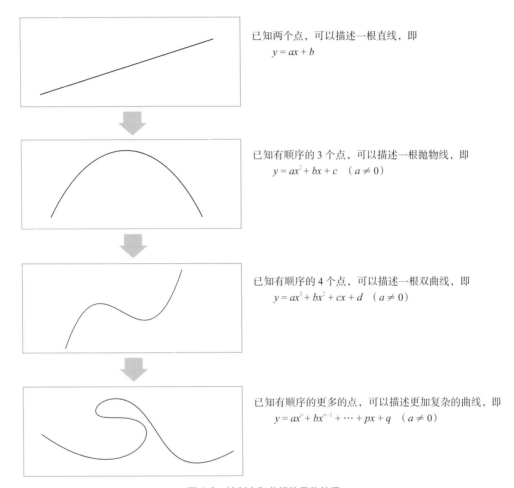

图 2-2　控制点和曲线的函数关系

可以用这样描述曲线的方式类比 Rhino 描述曲线的方式（注意，两者只是类比，并不等价）。

以此为基础，NURBS 曲线的描述方式也可以类比为

$$y = ax^n + bx^{n-1} + \cdots + px + q \quad (a \neq 0)$$

式中，$n$ 即是曲线的阶数。也就是说，阶数是描述一根曲线的函数方程的最高次项的幂。

当然，有些曲线过于复杂，有时很难用一段函数方程来描述。这个时候，就要用一组函数方程来描述。多个函数方程接力，去描述一根复杂的曲线，函数与函数之间的连接点就称为节点，如图 2-3 所示。以绳子做比喻的话，节点就是多段绳子连接成一根较长绳子时的打结处。

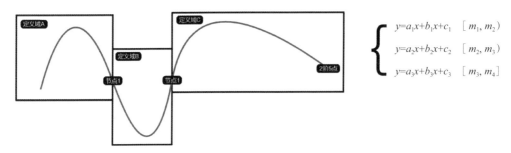

图 2-3　节点的诞生

控制点和阶数相当于一根线的姓名。在后续的章节里，会以 $x$ 阶 $x$ 点来称呼某根曲线，比如 3 阶 8 点、5 阶 6 点。它们的关系，满足如下表达式

$$节点（k）= 控制点（cp）- 阶数（d）- 1 \tag{2-1}$$

由式（2-1）可以得出，节点的数目必然是自然数，也必然大于等于 0（即 $k \geqslant 0$）。对上述表达式进行变换，得到

$$控制点（cp）- 阶数（d）\geqslant 1 \tag{2-2}$$

由式（2-2）可知，控制点始终比阶数至少大 1。

因为节点是函数与函数相连接处的点，那么当 $k = 0$ 时，节点不存在，此时曲线由一个独立的函数描述，即最简曲线。

# 第二节　阶数（Degree）

阶数会影响曲线的内在连续性，即阶数越高，曲线的内在连续性越好，阶数越低，曲线的可控制性越强，如图 2-4 所示。

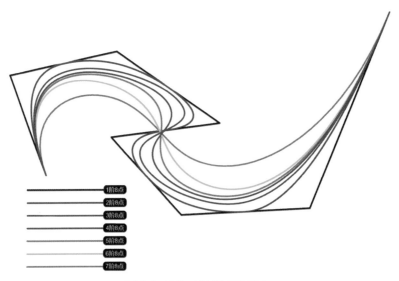

图 2-4　阶数对曲线造型的影响

如图 2-5 所示，可以明显看出，当移动其中某个控制点时，曲线的阶数越高，该控制点影响的范围越大，但是影响的强度越小。

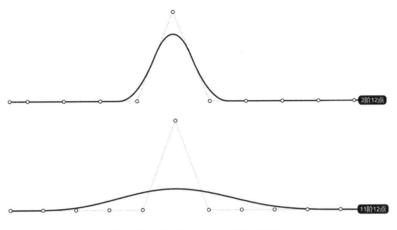

图 2-5　控制点对不同阶数曲线的影响

阶数理论上可以无限大。但是阶数越大，意味着描述曲线的函数方程越复杂。因此，过高的阶数毫无必要，不仅会极大地降低曲线的可控制性，而且过于复杂的函数方程也会对计算机的性能产生过高的要求，造成不必要的卡顿 。因此，Rhino 里将阶数的最大值限制为 11，如图 2-6 所示。

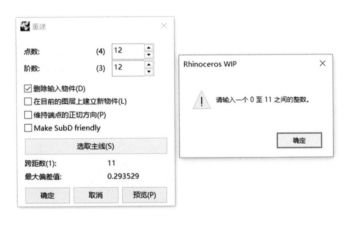

图 2-6　阶数的范围

3 阶曲线和 5 阶曲线的使用频率极高，这一点会在后续连续性相关的内容里面做具体说明。

阶数类似于一个人的姓氏，通常情况下不会随意变动。比如一根 5 阶 12 点的曲线，无论怎么分割，阶数始终是 5 阶，如图 2-7 所示，但是控制点的数目会根据分割的位置发生变化。具体控制点的数目，可以通过分割后曲线上的节点个数，由式（2-2）计算得出。

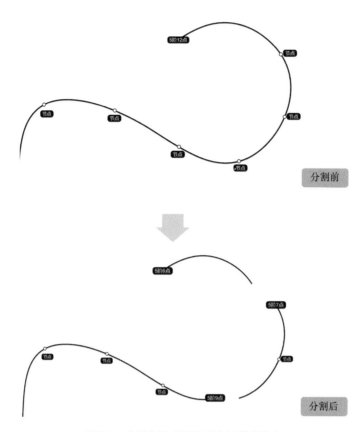

图 2-7　分割曲线对阶数和控制点数的影响

可以看出，当曲线为最简曲线（曲线上不存在除端点外的节点）时，无论怎么分割，由于节点无法再减少，曲线的阶数和控制点数都不会发生变化，如图 2-8 所示。也就是说，最简曲线无论怎么分割，其属性（阶数、控制点数、均匀性）都不会发生改变。因此，在绘制简单曲线的时候，除非有特殊需要，一般倾向于尽量绘制最简曲线。这样后续分割的时候就不用担心曲线的属性发生改变。

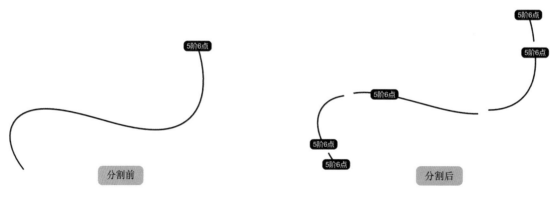

图 2-8　最简曲线的分割

## 第三节　控制点（Control Point）

### 一、控制点的权值

　　控制点（Control Point，CP）的排列次序和位置决定曲线的形态和各种特征。在能准确描述曲线性质的情况下，控制点越少越好。可以把控制点近似理解为一个个小磁铁，通过对曲线产生吸引力来控制其形态。

　　控制点吸引力的强弱关系（磁力大小）称为权值（Weight）。权值的范围为0.1~10，大小一般默认为1.0，如图2-9所示。权值不是固定的参数，而是对控制能力强弱比值关系的描述。

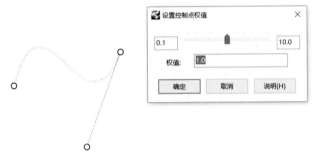

图 2-9　控制点的权值范围

　　权值相同的情况下，控制点的数目越多，距离越近，对曲线的控制力越强。因此在绘制曲线时，形变较大处一般放置2~3个控制点，便于修改曲线造型，如图2-10所示。

### 二、Rhino7 里的圆

　　伴随着航空航天和汽车等行业的发展，高精度加工对计算机辅助设计提出了更高的要求。比如对圆的定义。在权值均等的情况下，该如何定义一个圆呢？

　　由图2-11所示不难发现，若保持每个控制点的权值相等，随着控制点数目的增多，所描述的造型越来越接近一个真正的圆形了。但是这样得到的圆永远也只是近似圆，即无限趋近一个真实的圆形，不够准确。并且，当圆的造型越准确时，需要用到的控制点也越多，文件就会越冗余。显然这样的描述方式并不适合对接工业生产。

图 2-10　控制点的布点技巧

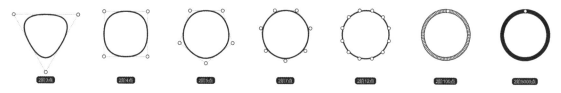

图 2-11　近似圆

　　既然修改权值的大小能在不改变控制点位置的情况下修改曲线的造型，如图 2-12 所示，那么能不能通过改变控制点的吸引力（也就是控制点的权值）用较少的点定义圆的造型呢？

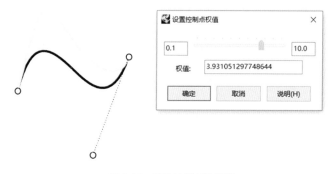

图 2-12　修改控制点的权值

　　在 Rhino7 里面，圆是被单独定义的。可以尝试绘制一根曲线，然后通过调整权值的大小去模拟一个圆。

　　画一条 2 阶 3 点的弧线，环形阵列 4 等分。降低角点处的权值，弧线开始向内收缩。当权值降低到 $\sqrt{2}/2$ 时，圆弧的造型刚好构成圆形的一部分，如图 2-13 所示。

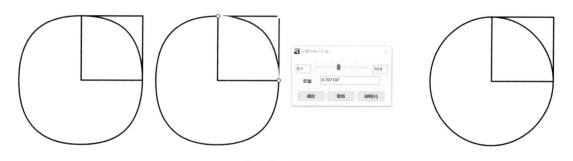

图 2-13　模拟圆形

　　因此，可以将 Rhino7 中的圆看作由 4 个 1/4 圆弧构成。圆作为一个几何图形是没有方向的，但是在 Rhino7 里，圆是有方向的，并且圆弧和圆弧之间的连接处，也是函数方程之间的连接处，即会产生节点，如图 2-14 所示。

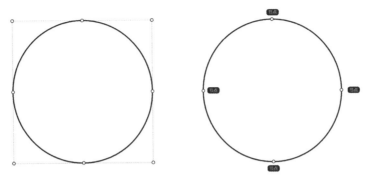

图 2-14　圆的节点

## 三、有理与非有理曲线

在 Rhino7 里，控制点的权值全部相同的曲线称为非有理曲线。控制点的权值不等或不完全相等，这样的曲线称为有理曲线。因此，标准圆是有理圆，近似圆是非有理圆，如图 2-15 所示。有理圆的控制点离曲线的距离不均匀，且权值有差异。非有理圆的控制点离曲线的距离均匀，权值也都为 1。有理圆是真正的圆，非有理圆只是近似圆。

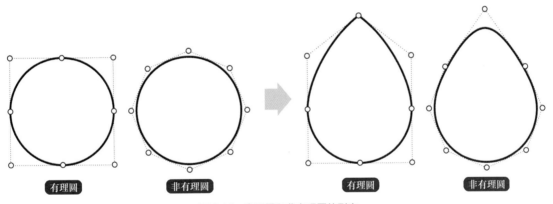

图 2-15　有理圆和非有理圆的形变

非有理圆的两种常见构建方法如图 2-16 所示。

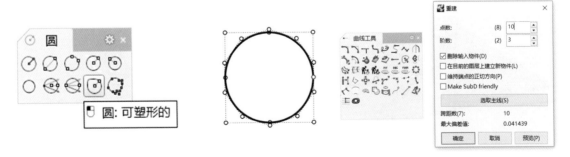

画圆（可塑性的）　　　　将标准圆重建成非有理圆(会有轻微形变)

图 2-16　非有理圆的两种常见构建方法

## 四、巧用控制点权值的改变制作沙发表皮纹理

对于一些看似复杂的表面纹理效果，除了通过按部就班地分析曲面、画线构面之外，还能通过修改部分控制点的权值，巧妙而高效地调整出对应的造型。例如图 2-17 所示的沙发表面纹理。

图 2-17　沙发表面纹理

制作沙发表皮纹理步骤如下。

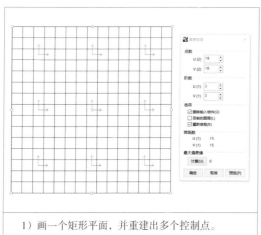

1）画一个矩形平面，并重建出多个控制点。

2）以一定规律间隔选点。

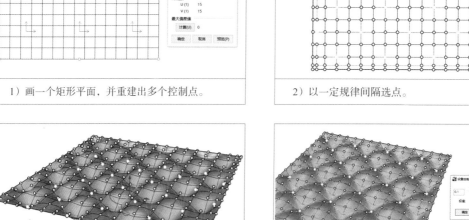

3）将刚才选中的点整体向下移动。

4）调整这些点的权值。

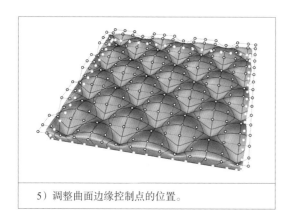

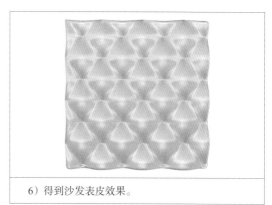

| 5）调整曲面边缘控制点的位置。 | 6）得到沙发表皮效果。 |

# 第四节　节点（Knot）

## 一、节点和结构线的关系

节点（Knot）数目 $k$ 与控制点、阶数的关系见式（2-1），那么节点数目和曲面又有什么联系呢？

由本章第一节可知，节点可以理解为多根函数相接处的连接点，则不同节点数目的曲线生成的曲面之间的结构线的关系如图 2-18 所示。由图可知，曲线结构线的数目和位置取决于节点的数目和位置。

图 2-18　节点与结构线的关系

但是当节点不存在时，曲线也会至少保留两条结构线（U 方向一条、V 方向一条），来表明曲面的 UV 走向，这样 UV 方向分别只有一条结构线的曲面，一般简称为十字面，如图 2-19 所示。

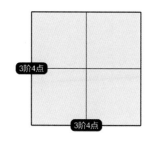

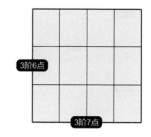

图 2-19　十字面与非十字面

也就是说最简曲面（没有节点的曲面）一定是十字面，但十字面不一定是最简曲面（UV 方向可能分别存在最多一个节点）。

物件锁点工具会将曲线的端点也识别为节点，如图 2-20 所示。计算节点数目时一般不将此类情况考虑在内。

要注意的是，对于一根最简曲线，无论从何处打断，曲线的属性（阶数、控制点数、均匀性）都不会发生改变；对于一根非最简曲线，如果从非节点处打断，打断之后的曲线上如果仍然存在节点，那么该曲线的节点为非均匀定义域。

图 2-20　端点与节点

## 二、节点的均匀性

造型允许的情况下，一般尽量绘制最简曲线，或者在节点处打断曲线，以避免出现非均匀曲线，如图 2-21 所示。除此之外，使节点均匀有两种办法：重建曲线（Rebuild）和均匀化（Make Uniform）。

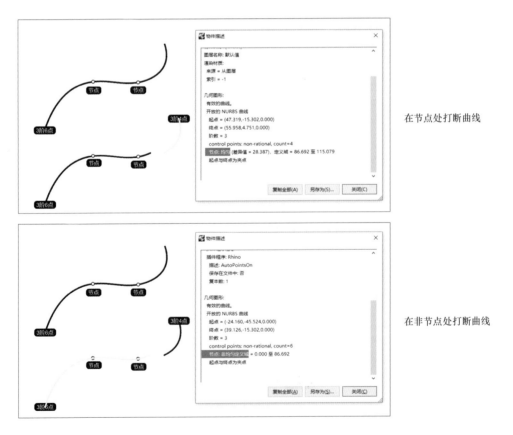

图 2-21　节点的均匀性

上述两种方法均会使造型发生轻微改变，如图 2-22 所示。因此，要根据需要合理使用，条件允许的情况下尽量使用节点均匀的曲线。

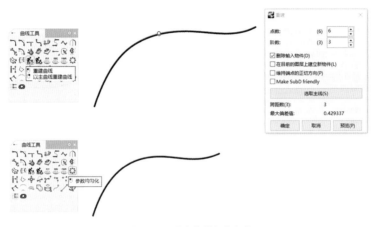

图 2-22　重建曲线与均匀化

## 三、删除节点

如图 2-23 所示，使用双轨扫掠选项工具（简称双轨）生成曲面时，如果两条轨道的属性不一致，就无法简化曲面，产生过多不必要的节点及重复的节点，极大地影响曲面的质量和可编辑性。此时，可以先通过工具去除曲面上重复的节点，然后通过工具适当删除多余的节点（不能删除太多，否则造型变化会过大），如图 2-24 所示。或者通过"以公差重新逼近曲面"来减少曲面上的节点（注意控制公差的大小在 Rhino 当前默认公差的范围内），如图 2-25 所示。

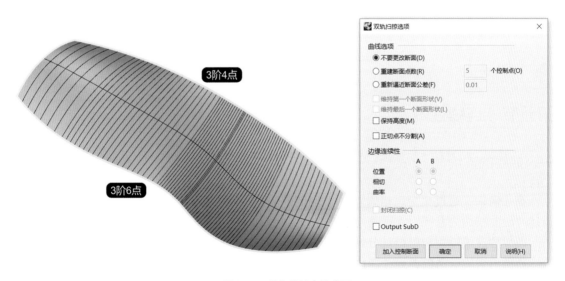

图 2-23　结构线过多的曲面

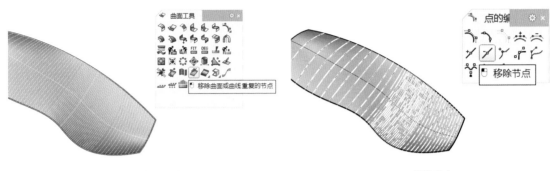

移除曲面或曲线重复的节点 　　　　　　　　　　　　　　移除节点

图 2-24　删除多余的节点

　　当然，最好的方式还是生成曲面的时候就通过合理地控制曲线的属性，使其能够满足简化曲面的要求。使用双轨扫掠生成曲面，如图 2-26 所示。为简化扫掠，要求两条轨道属性一致（包括阶数、控制点数、均匀性），截面线两端刚好连接在对应的端点或者节点上。

图 2-25　以公差重新逼近曲面

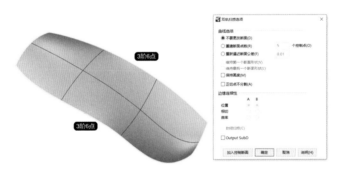

图 2-26　双轨扫掠

# 第五节　连续性

## 一、曲线的连续性

　　在几何中，通过相交、相离、相切等描述两根曲线的关系。那么在 Rhino 里面，该如何描述两根曲线的关系呢？答案是连续性。

　　曲线的连续性用肉眼很难分辨出来，但是一旦用曲线生成曲面，就会影响到曲面的平滑度。要做出美观顺滑的曲面，曲线一定要有较好的连续性。可以通过曲率图形观察曲线的弯曲变化程度，如图 2-27 所示。

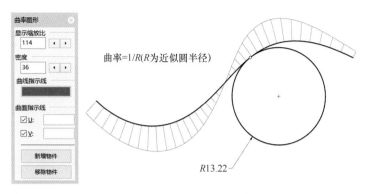

图 2-27  曲线的弯曲变化程度

曲率图形检测工具（Curvature Graph）简称曲率梳，用于检测单条曲线的曲率变化，曲率 =1/R（R 为曲线上任意一点近似圆的半径），用以表示曲线的弯曲变化程度。

连续性描述的是两条曲线或曲面之间的顺滑程度，一般将其分成位置连续（G0）、正切连续（G1）、曲率连续（G2）、G3 连续和 G4 连续等。从左到右连续性逐渐提高。G3、G4 连续的连续性太高，超过一般对工业产品的加工要求，因此 Rhino 里不作主要讨论。不同连续性的曲线之间的曲率梳的差异如图 2-28 所示。

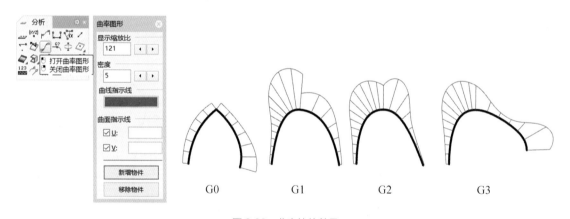

图 2-28  曲率梳的差异

曲线的连续性条件见表 2-1。

表 2-1  曲线的连续性条件

| 连续性关系 | 条　　件 | 曲率梳特征 |
| --- | --- | --- |
| 位置（G0） | 两条曲线的端点位于同一个位置 | 曲率梳出现断裂，尖锐角 |
| 正切（G1） | 两条曲线端点相接且切线方向一致 | 曲率梳合并在一起，但是高低不同 |
| 曲率（G2） | 两条曲线在端点处的位置、方向、曲率均相同 | 曲率梳高度相同，曲率梳之间呈 G0 连续 |

还可以通过"分析 - 两条曲线的几何连续性检测工具（Gcon）"来检测两条曲线之间的连续性，并在指令栏或指令历史里查看检测结果，如图 2-29 所示。Gcon 命令最高只支持检测 G2 连续性，即连续性大于或等于 G2，检测结果为 G2。

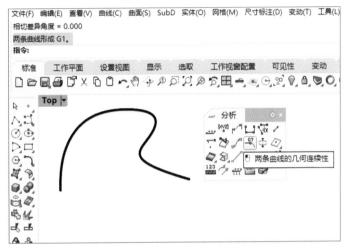

图 2-29　检测曲线的连续性

关于内连续的方式，单一曲线不存在 G0 的情况，但是单一曲线的曲率连续性是不一样的，不同阶数的曲线具有不同的曲率连续性，其曲率梳的对比如图 2-30 所示。

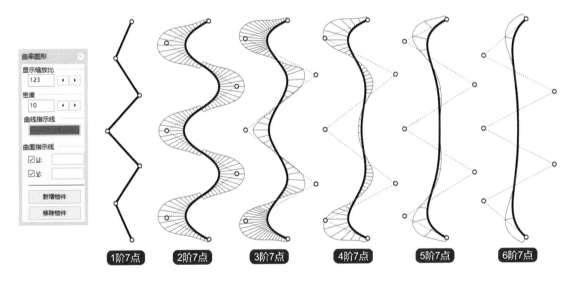

图 2-30　不同阶数下曲率梳的对比

通过比较可以看出 1 阶曲线没有曲率；2 阶曲线的曲率梳上有很多断口，说明 2 阶曲线的内连续性是 G1（即在 2 阶曲线的节点处打断，打断后的两根线之间形成 G1 连续）；3 阶曲线的曲率梳没有断裂，说明 3 阶曲线的内连续性是 G2。随着阶数的升高，曲率变化越来越流畅。这说明曲线的阶数越高，其内连续性越高。

通过"曲线工具 - 可调式混接工具（Blend Crv）"，可以在两根曲线之间生成一根连续性可控的曲线，即混接曲线，如图 2-31 所示。

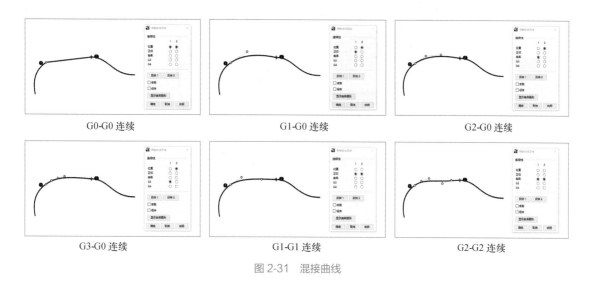

G0-G0 连续　　　　　　　　G1-G0 连续　　　　　　　　G2-G0 连续

G3-G0 连续　　　　　　　　G1-G1 连续　　　　　　　　G2-G2 连续

图 2-31　混接曲线

通过上图，可以总结出连续性和维持当前连续性所需的控制点数目之间的关系，见表 2-2。

表 2-2　连续性和曲线控制点的关系

| 连续性 | G0 位置 | G1 正切 | G2 曲率 | G3 |
|---|---|---|---|---|
| 维持当前连续性需要的控制点数目 | 1 | 2 | 3 | 4 |

另外，当两条曲线满足端点相接并且端点处 4 点共线时，这两条曲线至少形成 G1 连续。因此，画线时只要合理使用正交工具控制好控制点的位置，可以很容易地手动调整实现 G1 连续性，如图 2-32 所示。

## 二、曲面的连续性

可以通过"分析 - 曲面分析 - 斑马纹分析（Zebra）"工具来检测曲面之间的连续性关系。不同的斑马纹特征代表不同的连续性关系，如图 2-33 所示。

可以得到曲面的连续性条件，见表 2-3。

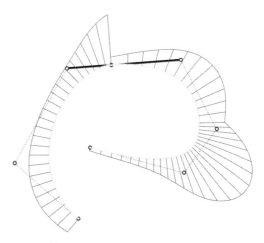

图 2-32　通过手动调整实现 G1 连续

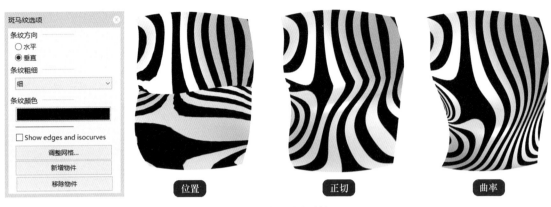

图 2-33　曲面的连续性

表 2-3　曲面的连续性条件

| 连续性关系 | 条　件 | 斑马纹特征 |
|---|---|---|
| 位置（G0） | 曲面的相接边缘位置相同 | 曲面相接处的斑马纹相互错开 |
| 正切（G1） | 曲面的相接边缘位置相同且切线方向一致 | 曲面相接处的斑马纹相接但有锐角 |
| 曲率（G2） | 曲面在满足 G1 连续条件的同时，相接边缘的曲率也相同 | 曲面相接处的斑马纹平顺地连接 |

通过"曲面工具 - 混接曲面（Blend Srf）工具"，可以在两个曲面之间生成一个连续性可控的过渡曲面，如图 2-34 所示。

图 2-34　过渡曲面

通过上图，可以得到连续性和曲面控制点的关系，见表 2-4。

表 2-4　连续性和曲面控制点的关系

| 连续性 | G0 位置 | G1 正切 | G2 曲率 | G3 |
|---|---|---|---|---|
| 维持当前连续性需要的控制点排数 | 1 | 2 | 3 | 4 |

# 03 | 第三章 建模分析方法

## 第一节 形体分析法

　　形体分析法是一种将一个复合形态拆解成由多个简单的几何形态（矩形、圆柱形、中心轴对称图形等），通过合并、分割、阵列等操作最终得到目标形态的一个建模分析思路，通常情况下，适用于几何特征较为明显，且没有过多的复杂曲面的造型，主要适用于形态关系比较简单的造型。形体分析法对建模工具的使用要求比较低，因此比较适合建模学习的初期。

　　形体分析法主要分为以下 3 个步骤。

　　1）分析清楚当前造型分为哪几个大的部分。

　　2）分析每个部分的形态特征，以及对称性特征（忽略细节造型）。

　　3）思考与创建和每个形态特征相关联的建模策略，比如当看到中心对称物件时，能条件反射般想到旋转成型工具。

### 一、桌面式空气制水机

#### 1.思路分析

　　图 3-1 所示的桌面式空气制水机，形态简约大方，其形态可以简化成多个基本形态通过组合、分割的方式构建得到。因此，可以采用形体分析法进行建模的前期分析。整机形体分析如图 3-2 所示。滤水孔形体分析如图 3-3 所示。

图 3-1　桌面式空气制水机

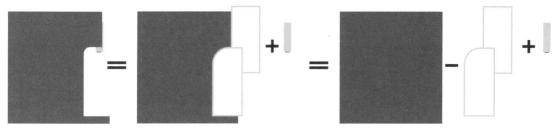

图 3-2　整机形体分析

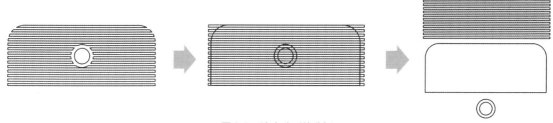

图 3-3　滤水孔形体分析

## 2. 建模

桌面式空气制水机的建模步骤如下。

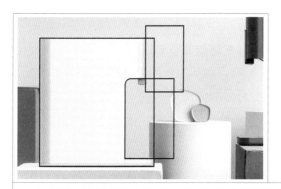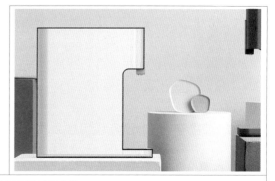

1）分析清楚制水机的造型结构，通过绘制和修剪得到制水机的侧面轮廓线。

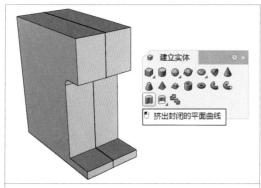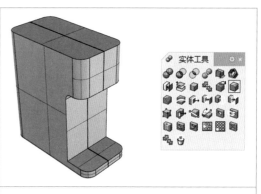

| 2）沿两个方向挤出（Extrude Crv 两侧 = 是）一定的厚度，得到制水机的初步造型。 | 3）对比较明显的造型角进行倒角（Fillet Edge）。 |
| --- | --- |

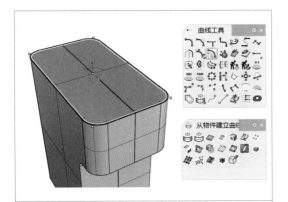

4）抽离（Dup Edge）顶面的轮廓线，组合（Join）并向内偏移（Offset），为后续分出内外部件做准备。

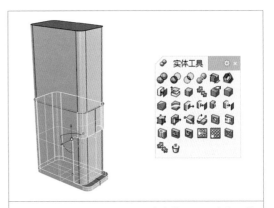

5）挤出（Extrude Crv）一个实体，通过布尔运算分割工具（Boolean Split 删除输入物体＝是）将制水机分割成内外两个部件。分割后删除刚才挤出的实体。

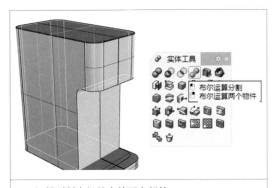

6）得到制水机的内外两个部件。

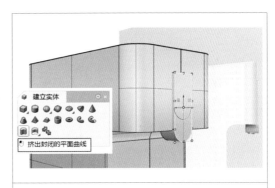

7）绘制得到操作面板的轮廓线，挤出（Extrude Crv）得到实体。

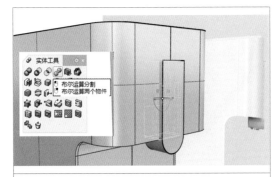

8）布尔运算分割（Boolean Split 删除输入物体＝是）得到重合的部分并删除，使操作面板刚好能嵌合到制水机机身上。

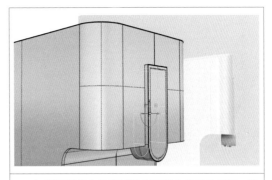

9）用同样的方法得到操作面板上的显示面板，使显示面板刚好嵌合在操作面板上。制水机前面板细节如图 3-4 所示。

图 3-4 制水机前面板细节

10）根据如上所述举一反三，反复对模型进行画线、布尔运算分割等操作，做出制水机的各个部件和分模线等造型结构。

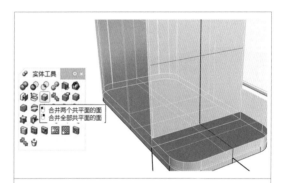

11）合并全部共平面的面（Merge All Faces），从而简化掉不必要的曲面边缘，使模型更简洁。

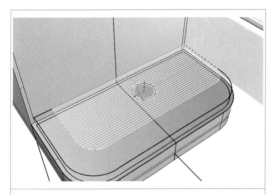

12）在平面上绘制基本图形，并修剪得到黄色线条所示造型。

13）挤出（Extrude Crv）得到实体，然后通过布尔运算分割（Boolean Split 删除输入物体 = 是）得到滤水孔的造型。

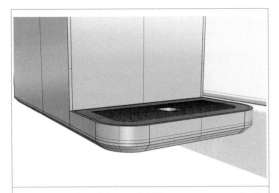

14）进一步完成底面上的斜角（Chamfer Edge）等细节。完成的滤水孔如图3-5所示。

图3-5 滤水孔

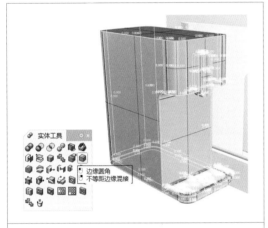

15）对所有造型进行倒角。建议将每个部分单独显示并倒角。此处由于篇幅原因，直接将所有工艺角倒角一次完成。

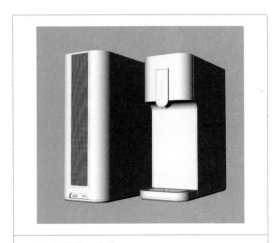

16）最终模型效果。

## 二、吹风机

在日常的建模过程中，不少产品造型都可以归类为一个几何形体的拆分或者是多个简单的几何形体的叠加。因此，可以把一个复杂的造型化整为零，拆分成一个一个部分，然后单独分析每一部分的形态特征，以此判断适合用哪些建模工具和建模思路完成构建，从而得出合理的建模策略。

1. 思路分析

例如，图3-6所示吹风机可以分为机身、手柄、线材3个部分。其中，机身的中空圆柱分

图3-6 吹风机

成 3 个部分，呈轴对称；手柄为中空圆柱；线材由切成多个圆台的大圆台和轴对称的线芯组成，如图 3-7 所示。对于轴对称的造型，可以使用旋转成型的生面方式绘制造型，这样只需画出整个形态侧面轮廓线的 1/2，即可得到整个造型。画圆并挤出成圆柱，然后利用旋转成型、直线阵列、布尔运算差集等工具完成全部造型。

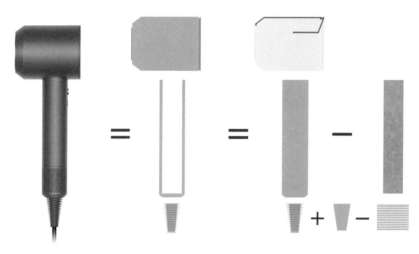

图 3-7　形态特征分析

2. 建模

吹风机的建模步骤如下。

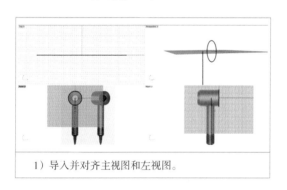

1）导入并对齐主视图和左视图。

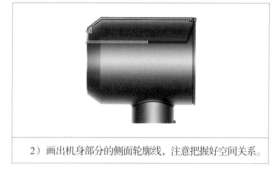

2）画出机身部分的侧面轮廓线，注意把握好空间关系。

3）旋转成型（Revolve），得到机身实体部分。

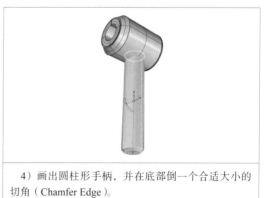

4）画出圆柱形手柄，并在底部倒一个合适大小的切角（Chamfer Edge）。

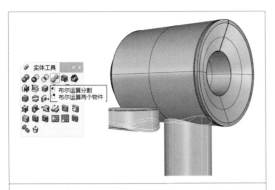

5）通过布尔运算分割工具（Boolean Split 删除输入物体 = 是）切除手柄和机身重合的部分。

6）将手柄和机身布尔并集（Boolean Union）成为一个实体。

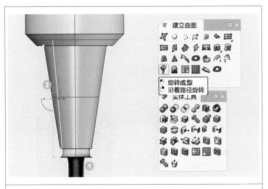

7）画出线材部分的侧面轮廓线，旋转成型（Revolve）并加盖（Cap），得到两个实体❶和❷。

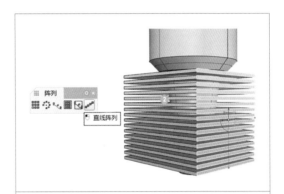

8）画一个合适大小的矩形沿直线阵列（Array Linear 阵列数 =16）并挤出得到 16 个实体，使挤出的实体刚好穿过实体❷。

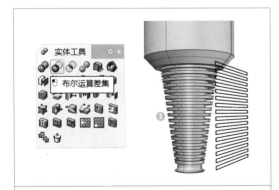

9）用布尔运算差集（Boolean Difference 删除输入物体 = 是）减实体❷，得到多个从上到下依次变小的圆台。

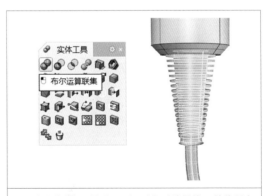

10）用圆管工具（Pipe）画出下端导线，并将所有线材部件全部选中，布尔并集（Boolear Union）成为一个完整的实体。

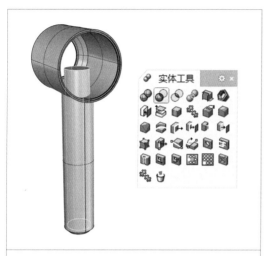

11）单独将手柄和机身部分显示出来，并用一个圆柱通过布尔运差集（Boolean Difference）工具掏空手柄内部。

12）做出手柄上的按钮、分模线等细节。

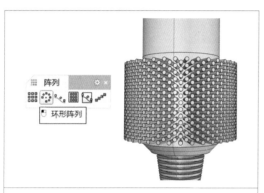

13）通过直线阵列（Array Linear）、环形阵列（Array Polar）、旋转（Rotate）、移动（Move）等操作得到小圆柱阵列。

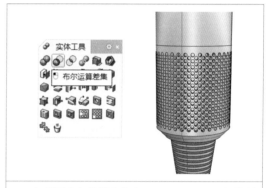

14）通过布尔运算差集（Boolean Difference）得到进气孔。

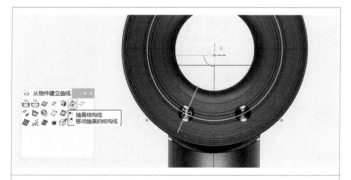

15）使用抽离结构线工具（Extractiso Curve）定位按钮在曲面上的位置。按钮细节如图3-8所示。

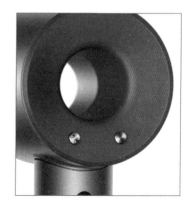

图3-8 按钮细节

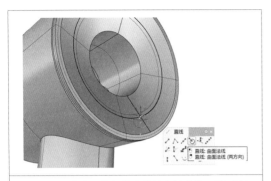

16）画出曲线上按钮所在处的点的法线，保证按钮的方向始终垂直于曲面。

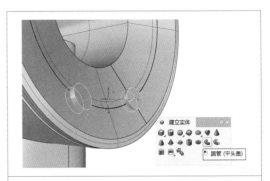

17）将上一步得到的曲面法线通过圆管工具（Pipe），得到按钮的造型，然后镜像（Mirror）得到另一边的造型。

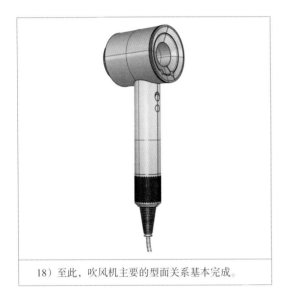

18）至此，吹风机主要的型面关系基本完成。

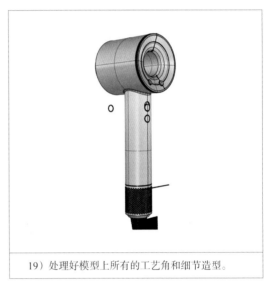

19）处理好模型上所有的工艺角和细节造型。

**TIPS** 建模过程中要注意控制好物件和物件之间的空间关系，表达清楚两个部件到底是一体的，还是一个嵌入在另一个里面，或者是相离的关系，尽量不要出现在空间上重合的情况（因为现实世界里面的两个实心固体不会存在于同一个空间位置）。

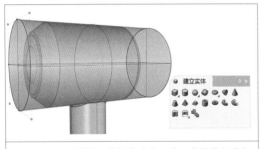

20）画一个圆柱，比机身略大一点。分模线细节如图3-9所示。

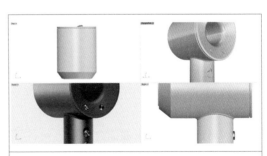

21）通过布尔运算分割（Boolean Split 删除输入物体＝是）并倒角（Fillet Edge），构建出机身和手柄连接处的细节。分模线细节如图3-9所示。

图 3-9 分模线细节

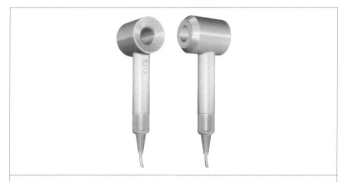

22）至此，吹风机模型构建完成。

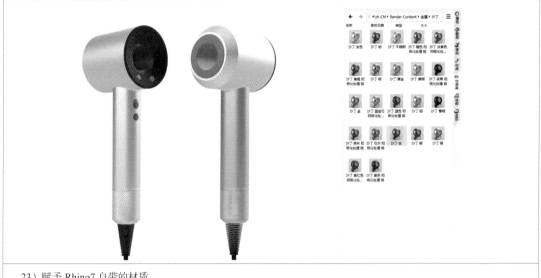

23）赋予 Rhino7 自带的材质。

# 第二节 形面分析法

形面分析法是一种将一个形态拆解成由多个曲面构建而成的复合造型的方法，通常情况下适用于无法将造型归纳为一个或者多个简单几何形体的情况。

形面分析法主要步骤如下。

1）去掉造型上的工艺角和细节，以及部分不重要的造型角，并将造型拆解为几个大面来分析。

2）分析清楚各个曲面之间的连续性关系和趋势关系，并尽可能找出描述每个曲面的特征曲线。

3）绘制好特征曲线，用适当的生面工具生成曲面，并通过混接、匹配、控制点调整等方式调整好曲面之间的连续性关系和趋势关系。

4）做出厚度、分模线等结构细节并完成倒角工作。

## 一、缝纫机

### 1.思路分析

图 3-10 所示的缝纫机造型，虽然多个面都是平面，但是却很难将其归纳为简单的几何形体。因此，将其拆解为多个曲面进行分析。只要确定了几个主要的特征面的造型，便能够很轻易地构建当前缝纫机的模型。

分析图 3-11 所示造型，能够很轻易地发现当前造型是轴对称形态，因此，只要做出一半造型即可。首先，找到正面的特征形态（红色部分）。

简化拆解当前的特征形态，可以认为之前的特征形态是由当前的 3 个简单形面倒角之后得到的造型。

对上述简单形面进一步分析，得到倒角之前的造型。

图 3-10　缝纫机

图 3-11　缝纫机的曲面拆解

找出特征线，如图 3-12 所示。只要准确地绘制好当前的特征线，便能依次得到整个模型的造型特征。尽量将特征面做成最简曲面，即尽量找出每个曲面的边缘线，避免出现无法缩回的未修剪曲面。直接用手动绘制的方式建出倒角面。

图 3-12　缝纫机的特征线分析

### 2.建模

缝纫机的建模步骤如下。

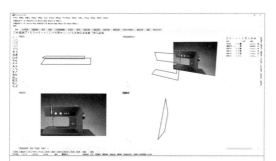

1）准确绘制出分析得到的特征线。注意特征线的空间位置。

2）修剪掉多余的空间线，并混接得到 4 条 G2 连续的过渡曲线。

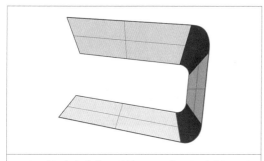

3）对红色部分使用放样工具，使两根线中间生成一个新面。

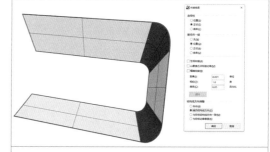

4）红色曲面与两边灰色曲面的连续性未知，所以用红色曲面去衔接（Match Srf）灰色曲面，使之至少达到 G1 连续。

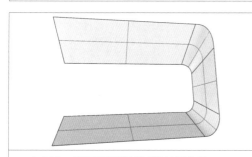

5）至此，就得到了当前模型的特征曲面。

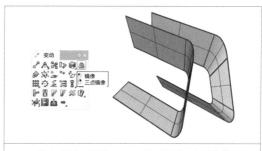

6）将生成的面镜像（Mirror），得到一个对称的面。

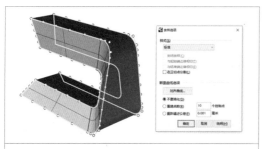

7）选择整个面的轮廓线进行组合，再将两边线进行一个放样，生成红色的面。组合当前的所有曲面，得到一个完整的实体。

8）从图上能看到模型上面有个折面，所以抽离红色的面并复制一份，将其中一份向上偏移（Offset Srf）一个合适的距离，将另外一份组合回去。上述步骤要重复两次，因为仔细看图可以发现中间有一个分模线将造型分成了内外两个实体。

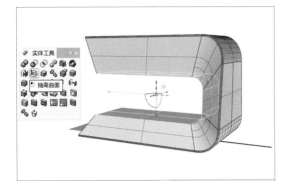

9）接下来需要得到中间的实体，所以抽离（Extract Srf）出中间的曲面并复制一份，再将抽离出来的面组合回去。这样就得到了一个额外的面。

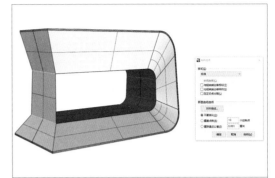

10）借用上下两条边缘线在左端放样产生一个平面，以便于后续实体的构建。

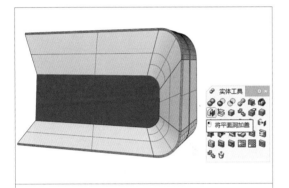

11）将中间的面用平面洞加盖（Cap）补起来，得到一个实体。

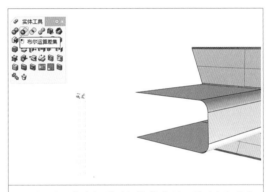

12）画一个中间需要切掉的造型，通过布尔差集（Boolean Difference）去掉不需要的部分。

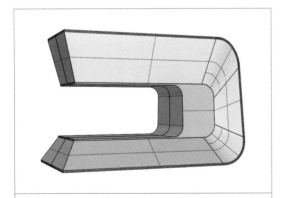

13）得到整个模型的特征形态。

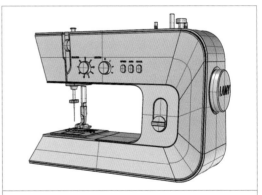

14）接下来完成细节的构建和倒角。此部分比较简单，并且不是本章节着重表达的知识点，因此不作详细说明。

## 二、枫木餐具

### 1. 思路分析

图 3-13 所示是一个造型简约的枫木餐具，餐具表面的形态关系自然多变，包含了一组渐消曲面造型。这样的复杂曲面很难由单个曲面来表现，因此，一般将其拆解为多个简单曲面逐个建模再组合成一个完整的造型。

（1）正面分析　枫木餐具正面分析如图 3-14 所示，一个很明显的特征便是叶梗产生的渐消面，构建"T字面"是拆分渐消面的一个常见思路，然后将整个正面拆分为 5 个面，分析其对称性和连续性。

图 3-13　枫木餐具

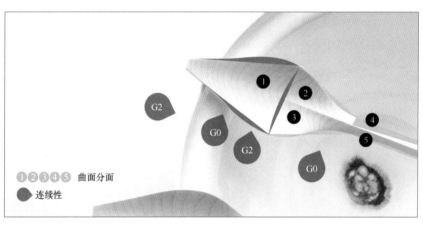

图 3-14　枫木餐具正面分析

（2）反面分析　枫木餐具反面分析如图 3-15 所示，反面的曲面关系和正面不同，因此不能简单地由正面偏移得到。可以把反面也进行拆分并构建出来，再和正面组合到一起，从而得到完整的模型。

### 2. 建模

枫木餐具的建模步骤如下。

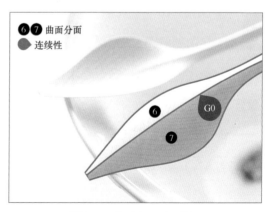

图 3-15　枫木餐具反面分析

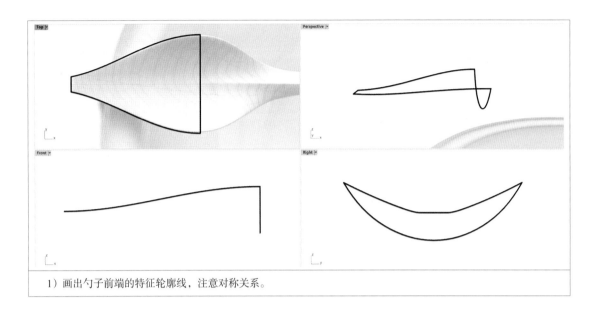

1）画出勺子前端的特征轮廓线，注意对称关系。

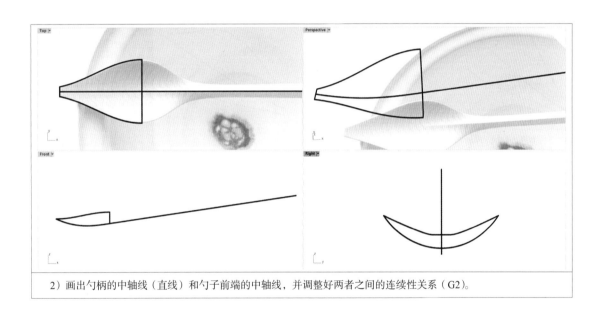

2）画出勺柄的中轴线（直线）和勺子前端的中轴线，并调整好两者之间的连续性关系（G2）。

**TIPS** 在点、线、面、体4个元素中，曲线的作用至关重要，可以说是整个模型的灵魂。对于曲面比较丰富的造型，绘制高质量的特征曲线尤为重要。特征曲线的质量越好，接下来生成和调整曲面的过程越轻松。

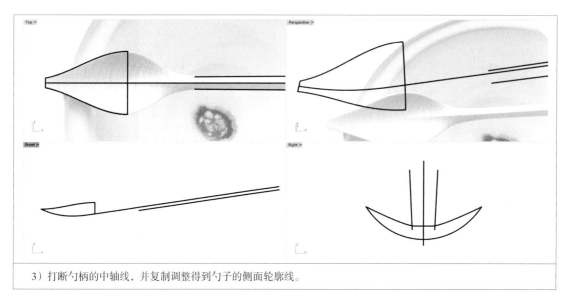

3）打断勺柄的中轴线，并复制调整得到勺子的侧面轮廓线。

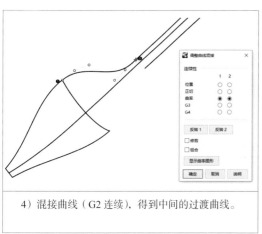

4）混接曲线（G2 连续），得到中间的过渡曲线。

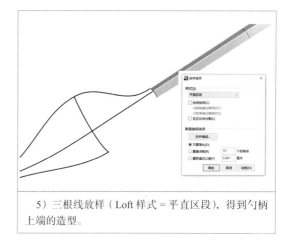

5）三根线放样（Loft 样式 = 平直区段），得到勺柄上端的造型。

**TIPS** 有经验的同学不必急于生成曲面，可以先将整体的特征线框架搭建完成后再生成曲面。

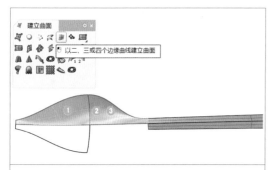

6）因为已经画出了比较明确的曲面轮廓线，所以能够很方便地通过四边生面（Edge Srf）生成勺子前端的曲面❶❷❸。

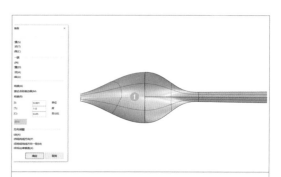

7）匹配好曲面之间的连续性关系：面❶由两个对称面组成（G2）连续，其他曲面根据之前的分析图匹配好连续性。

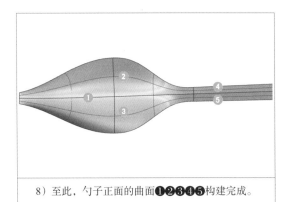

8）至此，勺子正面的曲面❶❷❸❹❺构建完成。

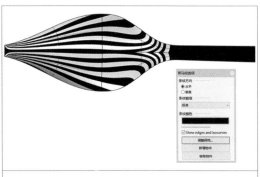

9）打开斑马纹选项（Zebra），观察曲面之间的连续性关系是否符合要求。

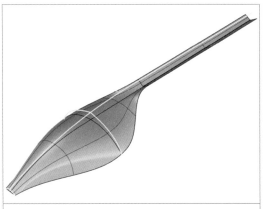

10）搭建勺子背面的特征线骨架，曲线的绘制尽量简洁（最好是最简曲线），并注意曲线之间的连续性关系。

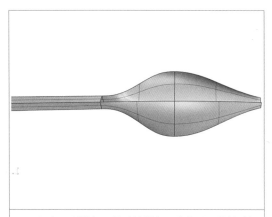

11）和正面类似，通过放样和四边生面工具得到勺子反面的曲面造型。

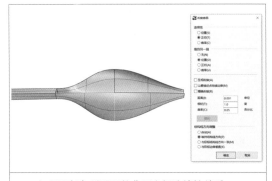

12）匹配好勺子反面的曲面之间连续性关系。

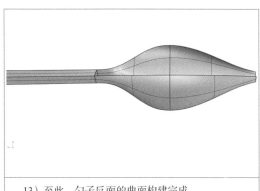

13）至此，勺子反面的曲面构建完成。

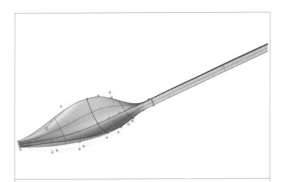

14）打开所有曲面的控制点，通过调整控制点的位置对勺子的整体形态做最后的微调。注意，不要破坏曲面之间的连续性关系。

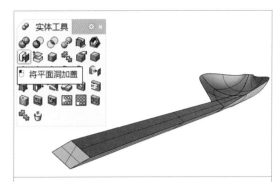

15）组合所有曲面并加盖（Cap），得到一个完整的实体模型。

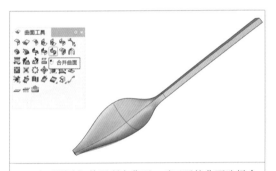

16）（可选）炸开所有曲面，对正面的曲面选择合并曲面（Merge Srf 平滑 = 否），并再次组合回去。

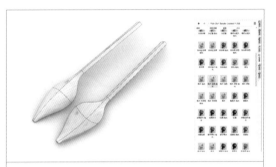

17）至此，枫木餐具构建完成。可以通过 Rhino7 内置的材质库在渲染模式下给餐具模型赋予枫木材质，初步观察一下整体视觉效果。

形面分析法要求用户有一定的观察分析能力，能够将目标造型当作曲面去对待，然后找到构成这些曲面的特征曲线和连续性关系。只要能够绘制出准确的特征曲线，则模型的构建就成功了一大半。

## 三、拓展分面练习

以下练习作品的完整案例请扫描前言处二维码获取。无线耳机、尘袋式吸尘器、头戴式蓝牙耳机分别如图 3-16～图 3-18 所示。

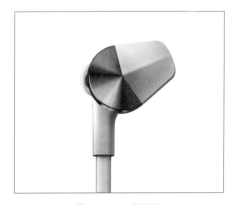

图 3-16　无线耳机

图 3-17　尘袋式吸尘器

图 3-18　头戴式蓝牙耳机

## 第三节　逆向分析法

逆向分析法相对于之前的形体分析法、形面分析方法等直接建模的方式更为灵活和取巧，主要是通过现有的造型逆向推导该形态退一步之后的简化形态，从而大大降低建模难度，通常情况下需要 UDT（Universal Deformation Tools，通用变形工具）的配合使用。

### 一、无边框时钟

**1.思路分析**

图 3-19 所示是一个无边框时钟设计，先尝试使用形面分析法进行分析——这个造型的形面轮廓非常精确，因此可以通过画出面的轮廓线来生成侧面的一个面（双轨、四边生面皆可），然后通过阵列 12 等分，最后加盖，即可得到该造型。该造型的建模难度并不大，但是可以从另外一个角度来考虑，即把它当作一个十二棱锥，通过一定变形得到变体。

下面分别用这两种思路来构建该模型。

**2.建模**

思路 1 的建模步骤如下。

图 3-19　无边框时钟设计

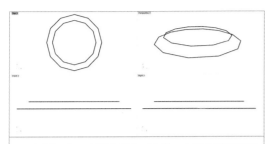

1）画一大一小两个正十二边形，小正十二边形向上移动适当的距离。

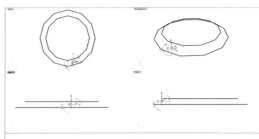

2）错开一个角度，用直线连接两个正十二边形，再将直线重建（Rebuild）成 3 阶 4 点，并在空间上调整成微弧的形态。

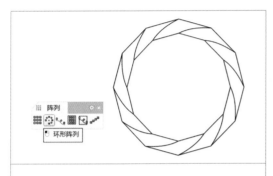

3）将刚才的环形阵列（Array Polar）12 等分。

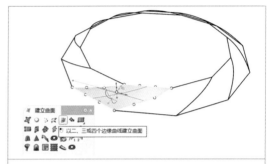

4）炸开所有曲线，并选择其中一个单元里面的 4 条线，重建 3 阶 4 点并四边生面（Edge Srf）建立曲面。

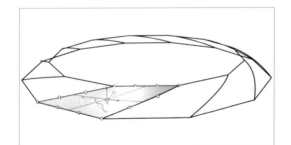

5）打开曲面的控制点，选择中间的 4 个控制点微调一下造型。

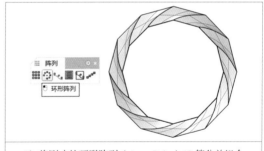

6）将刚才的环形阵列（Array Polar）12 等分并组合。

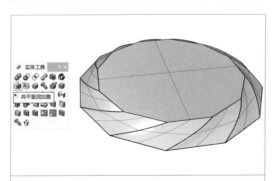

7）将平面洞加盖（Cap），得到实体模型。

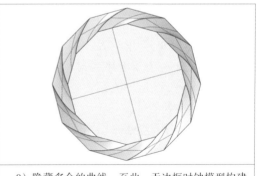

8）隐藏多余的曲线。至此，无边框时钟模型构建完成。

思路 2 的建模步骤如下。

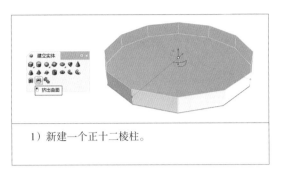

1）新建一个正十二棱柱。

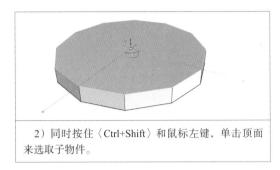

2）同时按住〈Ctrl+Shift〉和鼠标左键，单击顶面来选取子物件。

**TIPS** 　小技巧：同时按住〈Ctrl+Shift〉和鼠标左键，可以快速选取某个多重曲面上的子物件（边缘、曲面），从而快速对造型进行调整。

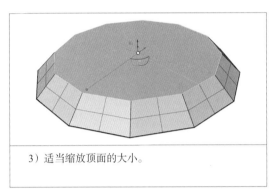

3）适当缩放顶面的大小。

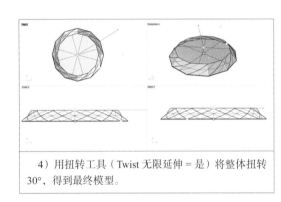

4）用扭转工具（Twist 无限延伸 = 是）将整体扭转30°，得到最终模型。

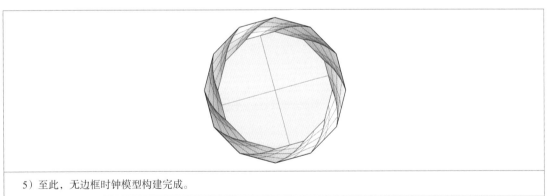

5）至此，无边框时钟模型构建完成。

## 二、DNA 戒指

### 1.思路分析

对于图 3-20 所示的 DNA 戒指，一个直接的建模思路是画出相应的曲线然后用圆管（Pipe）工具即可，但是直接画出空间曲线的难度极大，因此可以反向拆解，把这样的形态看作一个更为简单的形态通过一定可控制的变化得到的造型。DNA 戒指的逆推分析过程如图 3-21 所示。

图 3-20　DNA 戒指

图 3-21　DNA 戒指的逆推分析过程

## 2. 建模

DNA 戒指的建模步骤如下。

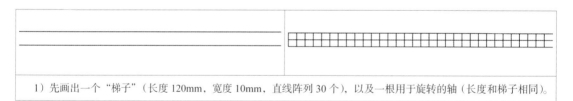

1）先画出一个"梯子"（长度 120mm，宽度 10mm，直线阵列 30 个），以及一根用于旋转的轴（长度和梯子相同）。

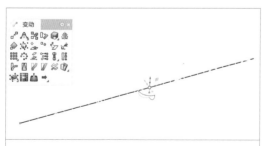

2）使用扭转（Twist）工具（硬性 = 否，无限延伸 = 是），旋转 1080°（思考一下为什么），得到一个 DNA 链的形态。

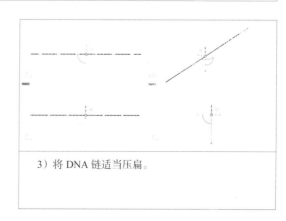

3）将 DNA 链适当压扁。

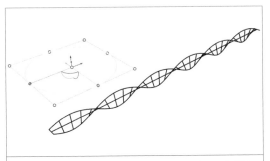

4）画一个周长为120mm的圆（和"梯子"的轴长度相同，这样可以保证形变的可控性）。

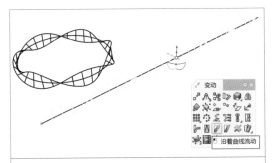

5）使用沿着曲线流动（Flow）工具，将DNA造型流动到圆环上。

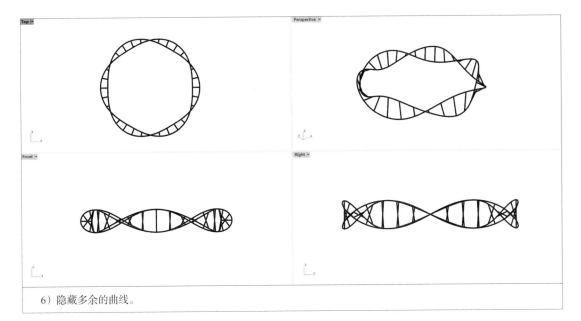

6）隐藏多余的曲线。

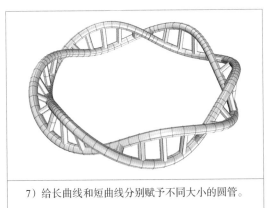

7）给长曲线和短曲线分别赋予不同大小的圆管。

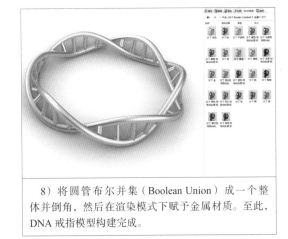

8）将圆管布尔并集（Boolean Union）成一个整体并倒角，然后在渲染模式下赋予金属材质。至此，DNA戒指模型构建完成。

TIPS　使用UDT工具会无可避免地增加曲面上的结构线，此时不必过于纠结结构线的数量，只要结构线分布均匀一致，没有破面、褶面出现，曲面的质量依然能够达到造型要求。

### 三、褶皱戒指

#### 1.思路分析

逆向分析法需要用户调用一部分生活经验。图 3-22 所示的褶皱戒指仿佛是把其中一侧用手指捏下去过。可以脑补一下，假设那一侧没有被捏下去，整个戒指都是均匀的状态，然后继续回溯，得到一个单元的起伏圆环，再继续回溯，得到一个近似圆。褶皱戒指的逆推分析过程如图 3-23 所示。

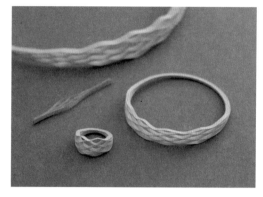

图 3-22　褶皱戒指

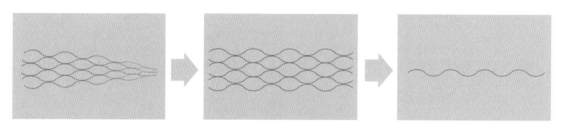

图 3-23　褶皱戒指的逆推分析过程

#### 2.建模

褶皱戒指的建模步骤如下。

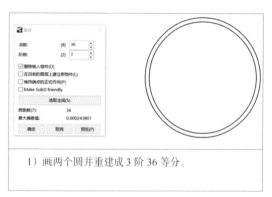

1）画两个圆并重建成 3 阶 36 等分。

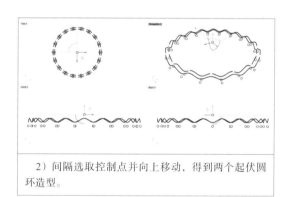

2）间隔选取控制点并向上移动，得到两个起伏圆环造型。

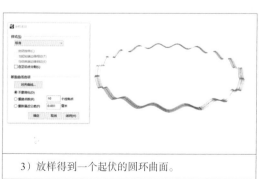

3）放样得到一个起伏的圆环曲面。

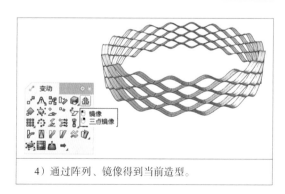

4）通过阵列、镜像得到当前造型。

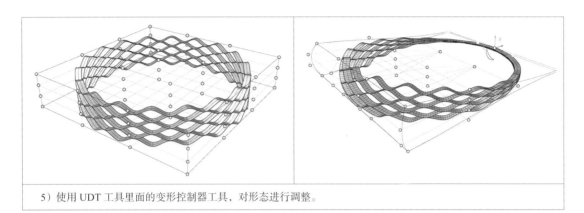

5）使用 UDT 工具里面的变形控制器工具，对形态进行调整。

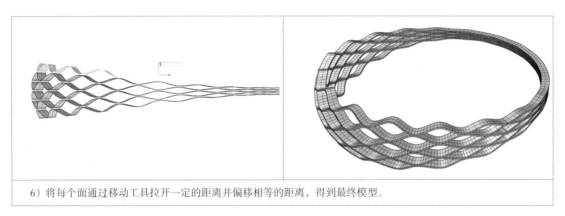

6）将每个面通过移动工具拉开一定的距离并偏移相等的距离，得到最终模型。

逆向分析法可以说是建模过程中的"小聪明"，合理地使用逆向分析，能够大大降低工作量，提高建模效率。建模过程中，将本章介绍的 3 种分析方法结合使用，可以更快更好地完成模型的构建。

## 四、拓展逆向思维练习

莫比乌斯工艺、镂空塑料灯罩、章鱼灯分别如图 3-24～图 3-26 所示。

图 3-24 莫比乌斯工艺

图 3-25 镂空塑料灯罩

图 3-26 章鱼灯

## 第一节　表面肌理

### 一、运动手环建模

很多产品表面会通过肌理来丰富细节表现。这款手环的主体造型比较简单，因此略过主体部分的建模，直接讲解手环肌理部分的建模，如图 4-1 所示。

1.思路分析

通过分析可以知道，整体步骤可分为分出肌理部件—画出波浪线切割—双轨生成波浪纹路面—倒角。

2.建模

运动手环的建模步骤如下。

图 4-1　运动手环

1）顶部轮廓线。在顶视图画好需要的手环顶部肌理轮廓造型，然后在顶视图上把线拉伸成体，之后用布尔运算分割（Boolean Split）工具处理顶部肌理部件。

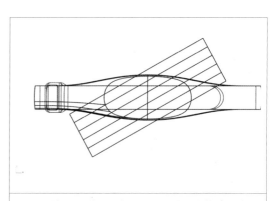

2）顶部造型线 1。在顶视图上从圆点构建一个矩形，然后在两条长边之间构建均分线，分为 5 份，然后旋转到图示角度。

3）顶部造型线 2。接下来在顶视图使用投影指令把线条投影到模型上。

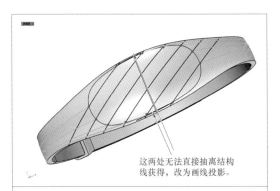

这两处无法直接抽离结构线获得，改为画线投影。

4）顶部造型线 3。在手环带上使用抽离结构线（图中黄线），捕捉之前投影后顶部面上的端点（图中红点）。但有两处由于曲面趋势无法通过抽离结构线获得，因此改用画线投影的方式生成。

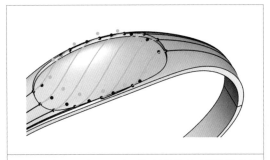

5）顶部造型线 4。用得到的结构线以及投影线进行混接，两端混接为曲率连续，然后选中每条线的中间两个点（图中黄点），向上移动一点。

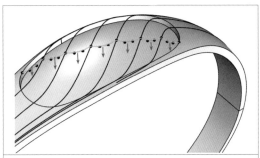

6）顶部造型线 5。以每根曲线的中点处一一连接 3 阶 4 点线，如图中黄色线条所示，后将连接出的线条控制点打开，把每根线条的中间两个点向下移动。

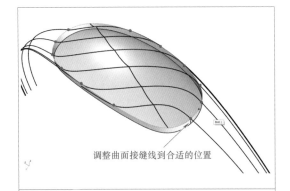

调整曲面接缝线到合适的位置

7）顶部造型线 6。使用分割边缘工具将面的边缘按照双轨断面的模式分割开，并将曲面的接缝调整到其中一条造型线的端点处。

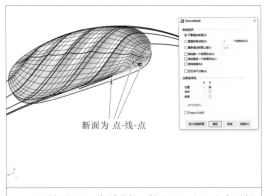

断面为 点-线-点

8）顶部生面。分别进行双轨生面，左上和右下部分的断面使用点 - 线 - 点的方式，其余双轨面则用到了 3 条断面线（含两侧边缘）。

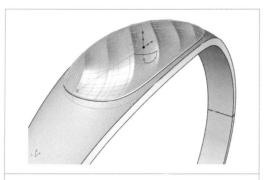

9）倒角准备。将纹理面向上移动一点距离，和之前面位置边缘接上即可，这里不用组合在一起。

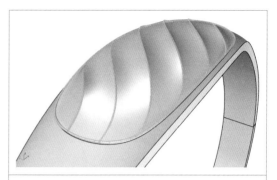

10）手动倒角 1。现在进行手动倒角处理。复制面上的边缘线，使用圆管工具（Pipe）生成圆管，注意圆管半径的区分。

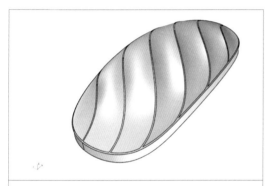

11）手动倒角 2。使用圆管把模型上的面分割开，并且删除。

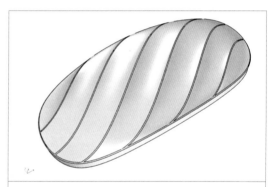

12）手动倒角 3。使用混接曲线工具把上面的面边缘用线混接起来，连续性达到相切（G1）即可。

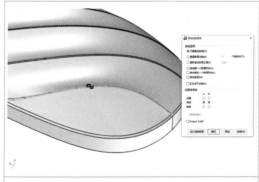

13）手动倒角 4。使用双轨生面将倒角面一一生成出来。

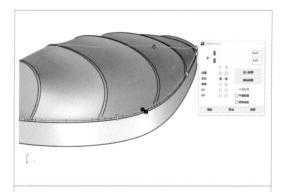

14）手动倒角 5。将剩下的缝隙混接起来，之后组合好。

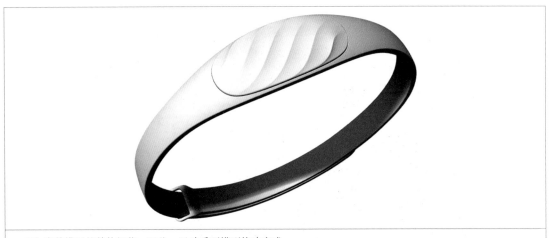

15）完善模型的其他细节。至此，运动手环模型构建完成。

## 二、表面肌理拓展练习

运动手环、扫地机、音箱分别如图 4-2～图 4-4 所示。

图 4-2　运动手环

图 4-3　扫地机

图 4-4　音箱

# 第二节　手动调点渐消面——家用熨斗建模

渐消面在产品设计中的应用极其广泛，优雅的渐消面可以让产品的造型更有细节，同时也使产品增加很多具有光影的转折面，效果更为灵动，可提升产品的质感。但是，渐消面的建模相对麻烦，需要比较强的空间想象力。本节用一个家用电熨斗的案例来讲解渐消面的构建方法。

1. 思路分析

图 4-5 所示的家用电熨斗的侧边有一个很明显的渐消面，在中间旋钮旁边又有一个比较复杂的双向渐消面，处理这种面时可以用到一句口诀"在哪里渐消就在哪里分割"。

图 4-5　家用电熨斗

在建模前首先分析产品的造型特点，进行大致的分面，如图 4-6 所示。经过分析，可将模型下部分为 A、B、C 3 个大面，其中 A、B 两面可先视作一个整面，后把整面从结构线处分割出 AB 两面，再通过调点做出 A 面造型即可，建模时先忽略倒角。之后分出顶面 E，可通过放样的方式生成，生成后修剪掉蓝紫色区域，补上 E′ 转折面即可。

图 4-6　家用电熨斗造型分析

中部可先分出曲面 D，考虑到实际转折趋势较大，可分出 D′ 小面，之后做出另一边的 F 面。此时只剩下内部的曲面 G 了，该面是控制熨斗中部渐消造型的重要曲面，画线时应特别注意 D、G 两曲面间的连续性关系。

2. 建模

家用电熨斗的建模步骤如下。

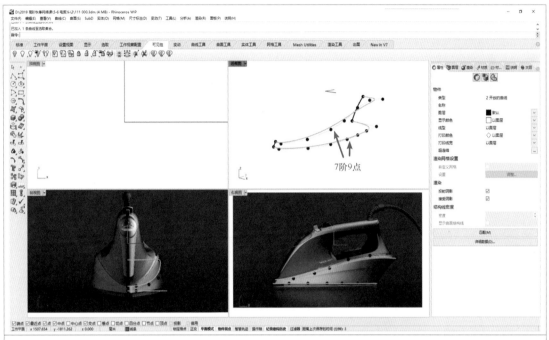

1）打开 Rhino7，将图示参考图导入其中并对齐，然后画出 A、B 面的造型线，配合多个视图调整好造型。此处路径线采用 7 阶 9 点，断面线则采用 3 阶 4 点。

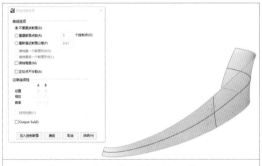

2）双轨生面。将得到的线条进行双轨生面。生面后可以镜像一份，检查曲线的对称性。

3）分割 A、B 面。接下来使用结构线沿着渐消线将曲面分割为 A、B 两面，准备进一步做出渐消造型。

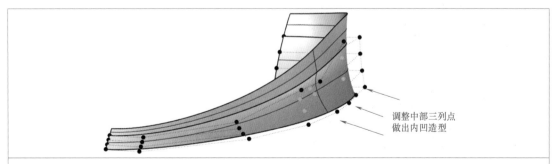

4）渐消调点。由于控制 A、B 两面连续性用到了 A 面中的上三排点，而控制曲面的对称连续性则用到了前后各两列点，因此，调整渐消造型时只调 A 面内部的三列点即可（如图中黄点所示），其他点保持不动，以维持连续性关系，做出渐消效果。

5）构建 C 面。将第一根线复制移动，配合其他视图调节点的位置，得到图中黄线。其中 C 面前侧的断面线注意与 B 面匹配好曲率连续性。之后双轨生面得到 C 面，注意曲面的对称性。

曲率

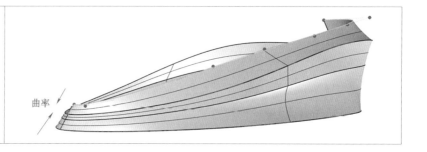

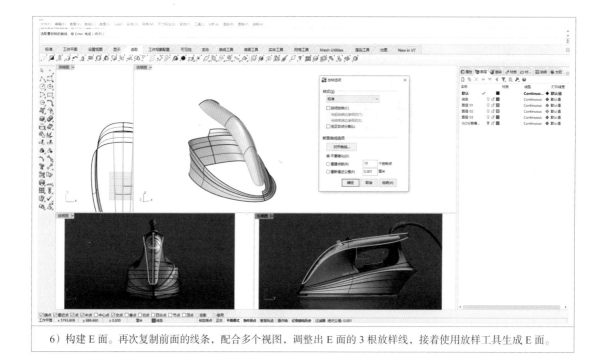

6）构建 E 面。再次复制前面的线条，配合多个视图，调整出 E 面的 3 根放样线，接着使用放样工具生成 E 面。

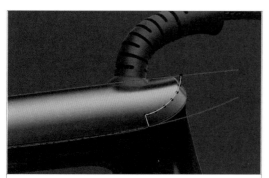

7）分割 E 面。在侧视图中画出分割线，将 E 面多余的部分切割掉。

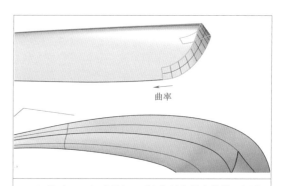

曲率

8）构建 E′ 面。复制 E 面被分割处的边缘线，调整到合适的位置后，双轨生成 E′ 面，注意匹配好 E′ 面与 E 面的连续性。

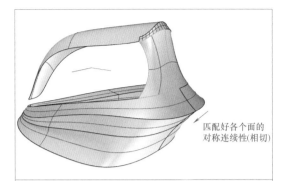

匹配好各个面的
对称连续性(相切)

9）构建 F 面。接下来用与前面相同的方法，配合
多视图，用双轨生成 F 面（图中黄线标识的曲面）。
之后检查各个面的对称连续性以及彼此之间的曲面
连续性。

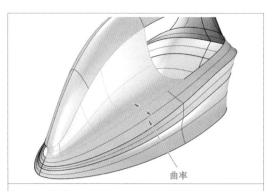

曲率

10）构建 D、D′面。如图所示用双轨生成中部的两
个曲面，注意匹配好中部曲面与下部曲面以及彼此之
间的曲面连续性。

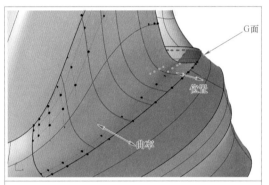

G面

位置

曲率

11）调整 D 面渐消。首先使用插入节点（Insert
Knot）工具为 D 面插入节点，确保 D 面前端与模型
下部面的连续性不被破坏。之后调整 D 面末端的点
（如图中所示黄点），调点时注意考虑与后侧 G 面（蓝
紫色区域）的曲率连续性关系，控制好点的趋势，调
出渐消造型。

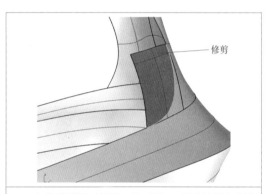

修剪

12）构建后侧三角面。将 F 面与 C 面的边缘在合适
的地方分割，使用单轨扫生成一个四边面，与 F、C
面分别匹配好曲率连续性之后，用混接好的曲线（图
中黄线）修剪掉多余部分（蓝紫色区域）即可。

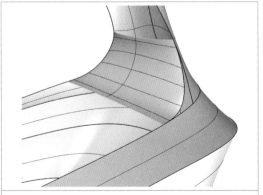

13）构建后侧弧面。在两端点处画线，注意这里的
造型是弧面，之后用双轨生面。

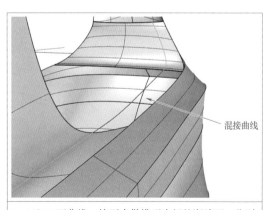

混接曲线

14）G 面曲线。接下来做模型中间的渐消面。分别
在合适的位置提取后侧弧面和 D 面上的结构线，将两
线进行可调混接，调整出 G 面的边缘造型。

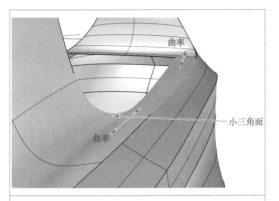

15）构建 G 面。用得到的混接线配合各个边缘双轨生成 G 面，匹配好连续性，并用相同的方法建出 G 面旁的小三角面。

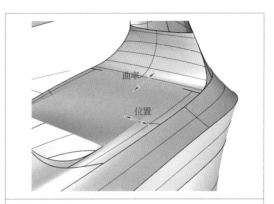

16）内部曲面 1。用双轨生成此处的内部曲面，两侧维持位置关系，后侧维持曲率关系，此处的渐消造型也已完成。

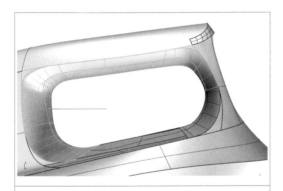

17）内部曲面 2。用前面讲述的方法构建出内部曲面，注意好这些曲面都是两侧维持位置关系，前后维持曲率关系即可。

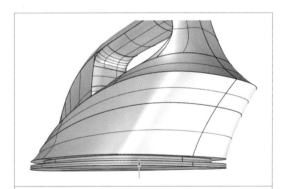

18）底部熨片。将已建成的面组合之后将底面封闭，然后将底边的边缘线缩放后再拉伸成面就可以建成底部熨片了。

19）最后做出熨斗上的按钮细节、分模线以及倒角。至此，家用电熨斗模型构建完成。

## 第三节　曲面收敛案例——剃须刀建模

### 1.思路分析

首先对如图 4-7 所示剃须刀的外形进行分析，剃须刀主体前后两个面均为两点收敛的造型，且造型对称，因此可以通过画出空间线进行放样的方式建模，最后再制作细节。

在建模前首先分析产品的造型特点，可将模型下部大致分为前后大面，如图 4-8 所示。两个面都可通过画出 3 根空间线进行放样的方式生成，此处标出空间线 A~F。之后再用双轨做出中间的过渡面，最后制作细节即可。

图 4-7　剃须刀

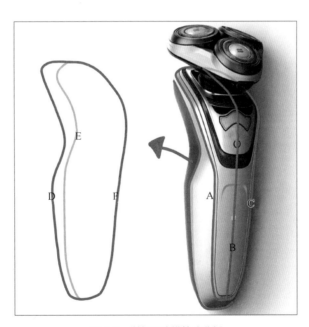

图 4-8　剃须刀建模策略分析

### 2.建模

剃须刀的建模步骤如下。

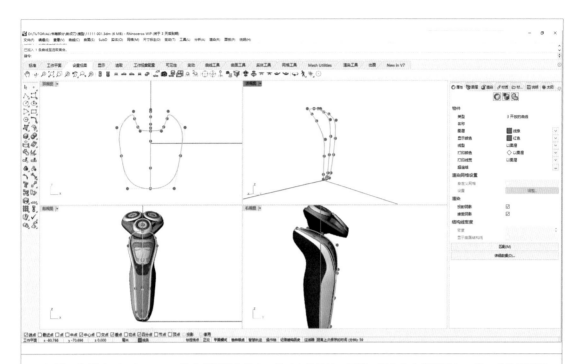

1）导入背景图。打开 Rhino7，将参考图导入其中，并对齐操作轴。画线：配合多个视图画出 A 线，此处用到了 3 阶 9 点曲线。调整好后镜像得到 C 线。再用 SETPT 工具拍平后调点得到 B 线。此处注意，AC 曲线的对称连续性要达到 G1，且 3 根线之间的控制点尽量一一对齐。

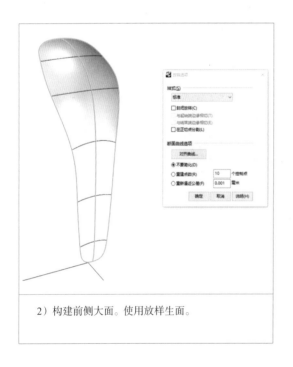

2）构建前侧大面。使用放样生面。

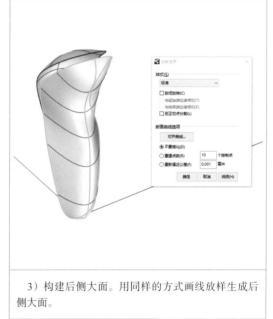

3）构建后侧大面。用同样的方式画线放样生成后侧大面。

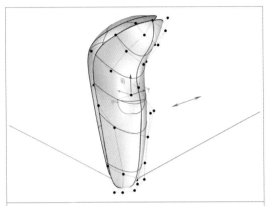

4）后侧大面调点。调节后侧大面上中部的点，使造型更加符合参考图。

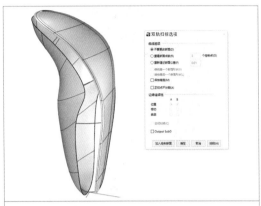

5）构建过渡面 1。将线条 A 复制并调整，然后将 A 线与复制的线两端用直线连接起来，之后进行四边双轨生面，做出前侧的过渡面。

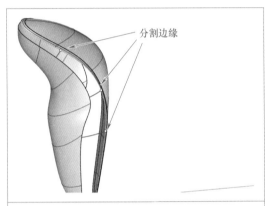

6）构建过渡面 2。接下来继续构建中部的过渡面。由于这里曲率较大，因此在合适的位置分割边缘并接线，将中部的过渡面分成若干份。

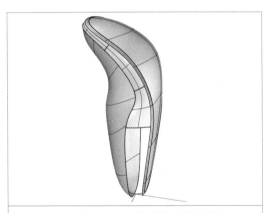

7）构建过渡面 3。将中部过渡面中上侧的 3 个面——双轨生成，并匹配好彼此的连续性。此处注意，最上侧的面要匹配好对称的连续性。

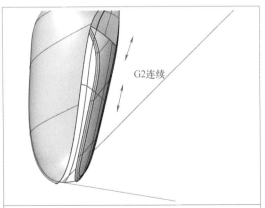

8）构建过渡面 4。接下来根据参考图中的渐消造型，画出渐消曲线，并注意——匹配好连续性。此处由于曲率较大，也将曲线分成两份。

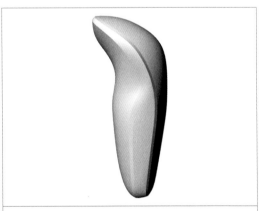

9）构建过渡面 5。将曲线——双轨生面并匹配好连续性后，主体部分建模完成，效果如上图。按钮细节如图 4-9 所示。

图 4-9　按钮细节

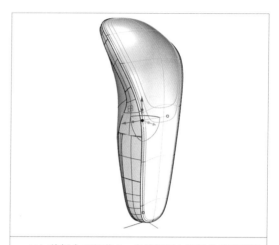

10）前侧大面细节 1。在前视图中根据参考图画线分割，将前侧大面分为 3 份。

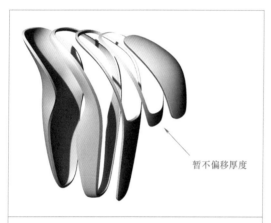

11）前侧大面细节 2。除图中标注的曲面外，其余曲面一一偏移厚度成实体，并且对边缘进行倒角。标注的曲面则要进行渐消细节的建模。

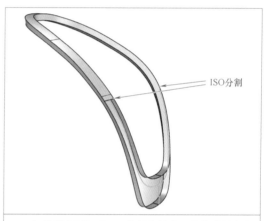

12）前侧大面细节 3。将标注的曲面也偏移厚度成实体，然后将表面抽离出来，并在渐消造型消失处进行 ISO 分割（沿着结构线分割并缩回曲面）。之后画出渐消造型线（图中黄线）。

13）前侧大面细节 4。将曲线一一双轨生面并匹配好连续性，之后整体倒角。

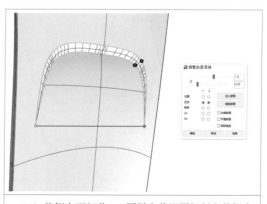

14）前侧大面细节 5。同样在前视图切割出前侧中部的渐消造型面，调点往内压后，混接缝隙。

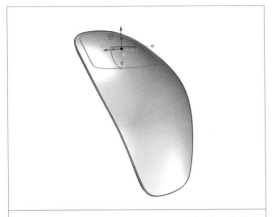

15）前侧大面细节 6。在顶视图画出框线，分割出刀头连接部件处的曲面。

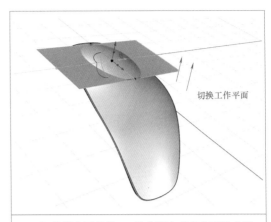

切换工作平面

16）前侧大面细节 7。取分割出来的曲面的中线，挤出平面后将其设置为工作平面。

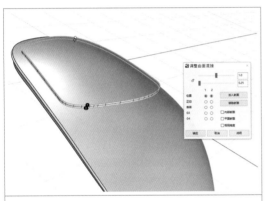

17）前侧大面细节 8。在当前工作平面下将分割出的曲面上移后，混接缝隙。至此，前侧大面细节完成，可进行倒角、分模。

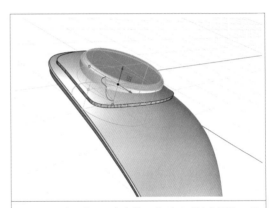

18）刀头细节 1。在当前工作平面下挤出圆柱，顶部倒斜角。

19）刀头细节 2。做出互相的穿插关系后倒角。

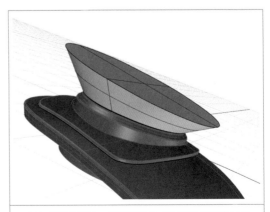

20）刀头细节 3。使用放样方式生成刀头转轴大面。

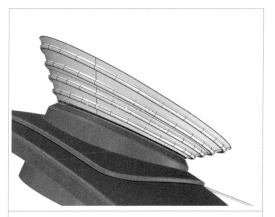

21）刀头细节 4。抽离大面上的结构线，生成圆管，对大面进行布尔运算，挖出凹槽。

22）刀头细节 5。之后对部件一一倒角。

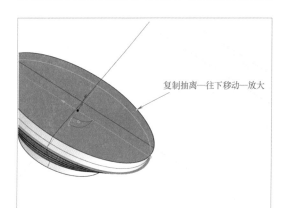

复制抽离—往下移动—放大

23）刀头细节 6。将转轴顶面挤出一部分后，复制抽离挤出部分的顶面，后往下移动（注意设置好工作平面）并略微放大。刀头细节如图 4-10 所示。

图 4-10　刀头细节

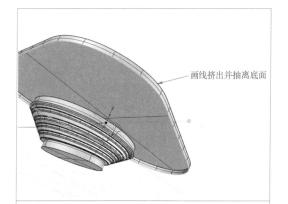

画线挤出并抽离底面

24）刀头细节 7。在合适的工作平面下画出圆角等边三角形并挤出，然后抽离底面，与上一步抽离出的圆形面之间留有空隙。

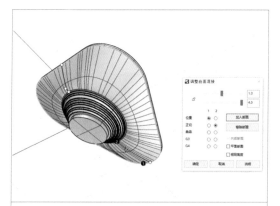

25）刀头细节 8。将空隙面混接出来，调整好混接曲面的造型。

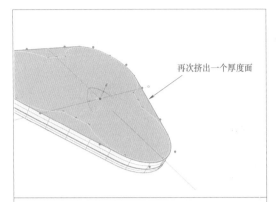

再次挤出一个厚度面

26）刀头细节 9。将圆角等边三角形略微缩小后再次挤出一个厚度面，然后在顶面画出刀片垫的造型。

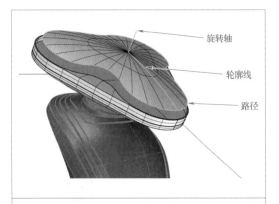

旋转轴

轮廓线

路径

27）刀头细节 10。在合适的工作平面下，用刀片垫的造型线将顶面内部剪切掉，然后造型线上移缩小，再画出垂直于工作平面的旋转轴以及轮廓弧线，然后使用沿路径旋转工具生成刀片垫的顶面。

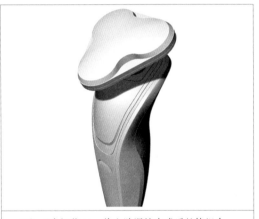

28）刀头细节 11。将空隙混接完成后整体组合。

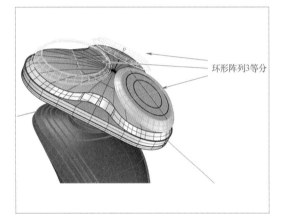

环形阵列3等分

29）刀片构建。在合适的工作平面下画线放样得到刀片面，然后使用旋转轴进行环形阵列 3 等分。至此，剃须刀模型已大体完成，完善细节并倒角后即可完成建模。

30）细节倒角完成。将模型的细节构建出来并倒角后，建模完成。

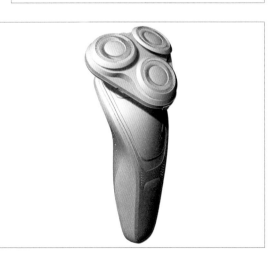

## 第四节 高级曲面建模——分面建模

本节以常见的某品牌游戏手柄为例，进行分面建模的练习，如图 4-11 所示。

图 4-11 游戏手柄

1）观察模型。首先观察游戏手柄的整体形态。不难发现，其可以分为白色外壳、顶部按钮、正面按钮、握柄和其他部件。其中，白色外壳可以分为前壳和后壳。接下来就逐一对其进行建模。

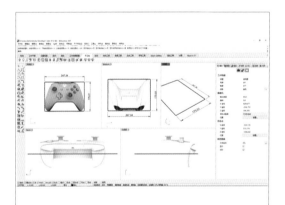

2）导入图片。在 Rhino7 里创建如图所示的多个视图，并找到游戏手柄多个视图的照片，导入 Rhino7 作为参考。注意，在导图的时候尽量对齐视图，并中心对称。考虑到镜头的畸变，产品可能无法对齐，所以在后期建模以较标准的图片为参考，其他作为辅助。

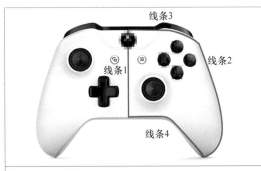

3）前壳建模。接下来对前壳进行生面，将细节补齐后前壳可以参照如图思路分面，由于模型是对称的，只需做 1/2 即可。

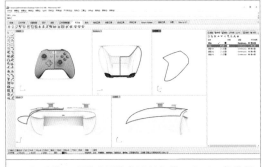

4）画线。对模型用线条进行勾勒。由于 4 条线都是空间曲线，所以需要在多个视图对曲线画线，画线时用尽量少的点勾勒出形态。Rhino 里有两种画法，一种是内插点画线，另一种是控制点画线。内插点画线法生成的线会通过点，适合于勾勒轮廓；控制点画线生成的线不在点上，但是相对更好控制。除此之外，两种方法生成的线属性有可能不同。

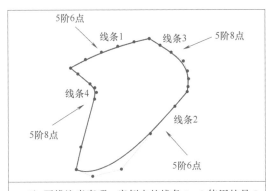

5）画线注意事项。案例中的线条 1、2 使用的是 5 阶 6 点，线条 3、4 使用的是 5 阶 8 点。确保相对曲线的属性一致，以生成较为简洁的曲面。如果用最简曲线无法顺利勾勒出形态，则退而求其次。

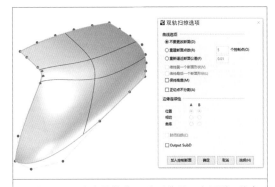

6）生面。生成最简曲面需要满足 3 个原则：线条满足最简公式，对边线条性质相同，线条首尾相连。这里使用双轨扫掠工具生面。

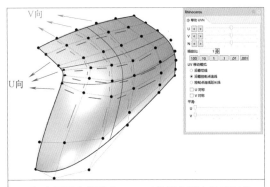

7）生面后使用移动 UVN 工具调整面上的控制点，使控制点尽量排布均匀。

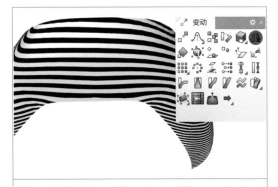

8）手动匹配曲面。将生成的面镜像（Mirror），并互相衔接（Match Srf）（连续性 = 正切 维持结构线方向）。

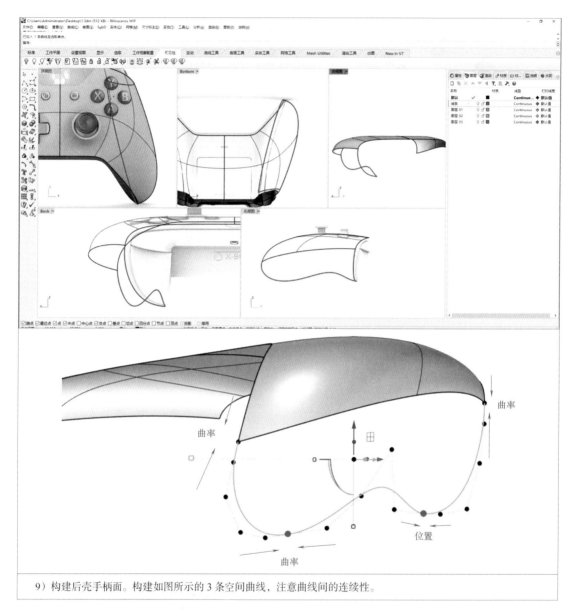

9) 构建后壳手柄面。构建如图所示的 3 条空间曲线,注意曲线间的连续性。

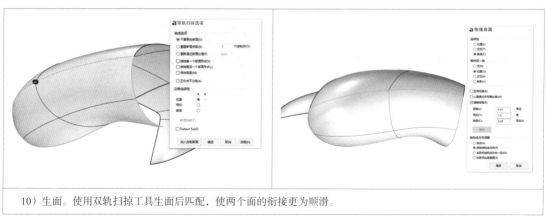

10) 生面。使用双轨扫掠工具生面后匹配,使两个面的衔接更为顺滑。

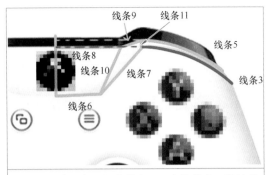

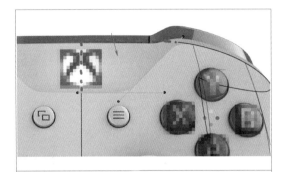

11）构建前壳的细节转角面。先将线条 3 进行手动调点偏移，得到线条 5。在顶视图和左视图确定偏移量，然后直接双轨生面。接下来依次绘制好线条 6~11，把握好线条的空间关系。

12）画线操作。将线条 5 复制后打断，接着便可直接用直线连接出线条 6、7 以及线条 8、9，最后将前后两组线段的交点处用直线连接起来，得到线条 10、11。之后用线条 6、7 修剪掉前壳曲面中多余的部分。

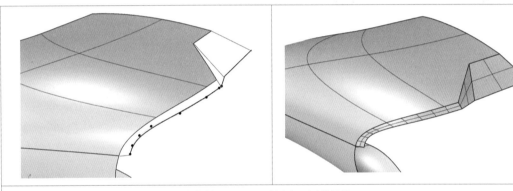

13）生成曲面。将 3 组四边面使用双轨扫掠工具生面，做出如上图的效果。

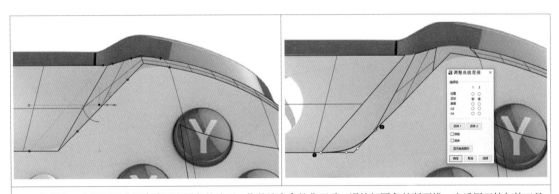

14）倒角。在顶视图中以直线画出圆角的造型，修剪掉多余的曲面后，混接好圆角的断面线，之后用双轨扫掠工具生成圆角面即可。

**TIPS** 此处为曲面手动倒角的常用办法之一，可以尝试举一反三。

71

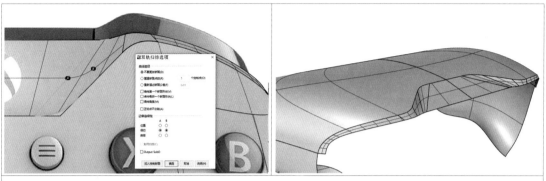

15）补面。圆角面生成后，顶面会有一处三角形空缺，此时用复原剪切把顶面复原后再次修剪即可（保留修剪物件＝是），然后用混接的圆角断面线修剪好保留的"修剪物件"，并删除多余的面，前壳建模完成。

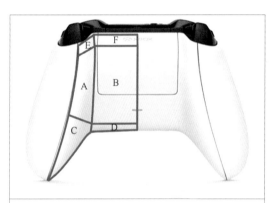

16）后壳分面思路。可按如图所示进行分面，后壳也是只做 1/2，将其分为 6 个面。

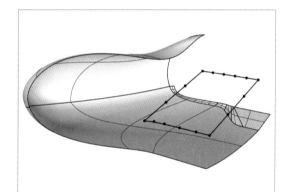

17）构建 B 面和 D 面。此处 B 面是倾斜的，画线时注意保证线条在同一平面上，方便与其他曲面构建良好的连续性，并且注意对称性，之后双轨生面。

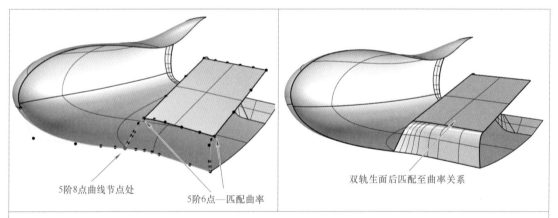

5阶8点曲线节点处

5阶6点—匹配曲率

双轨生面后匹配至曲率关系

18）D 面的两断面线可以先与 B 面的边缘匹配好曲率连续性，以保证 A、C 两面能满足曲率连续。其中，D 面下端的路径线可以通过打断前壳面中线条 4（5 阶 8 点曲线）的节点获得。打断后得到的另一条 5 阶 6 点线可以为构建 C 面的最简曲面做准备。之后双轨生面，并匹配好连续性。

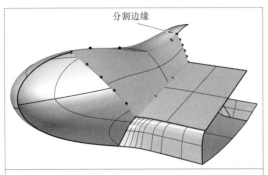

19）构建 A 面。将握柄面的边缘在合适的位置打断，并画出两条 5 阶 6 点的断面线，调整好弧度后，双轨生面即可。

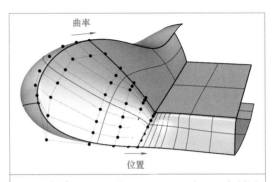

20）构建 C 面。生成 C 面后，匹配好 C 面与周围曲面的连续性，并用移动 UVN 工具调整好 C 面的造型，让点的排列尽可能均匀。

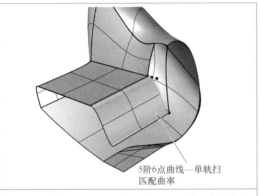

21）构建 F 面。F 面的断面线可用 5 阶 6 点的曲线直接做出圆角的效果，然后利用 B 面的边缘作为路径面单轨扫即可生成 F 面。生成后注意与 B 面匹配好连续性，并注意 F 面的对称性。

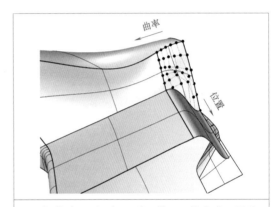

22）构建 E 面。与 C 面一样，双轨生成 E 面后，调整好曲面上的控制点，并匹配好与周围曲面的连续性。

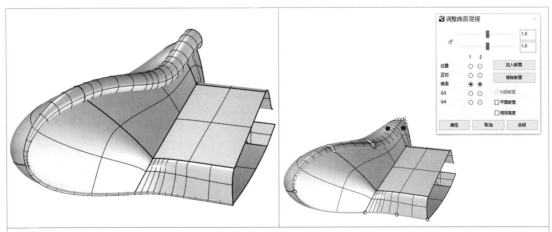

23）造型倒角。接下来首先对 EACD 面与前壳面交接的部分进行倒角，使用圆管切割后调整曲面混接曲率倒出曲率角，注意设置好圆管的渐变半径。

**TIPS**　步骤 23 是曲面手动倒角的常用办法之一——圆管倒角法，可以尝试举一反三。

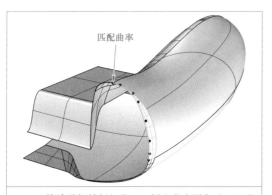

匹配曲率

24）构建前侧转折细节面。倒出曲率圆角后可以混接出前侧转折细节面的造型线，通过双轨扫掠工具生成前侧的小转折面，注意匹配好该曲面与周围曲面的连续性。

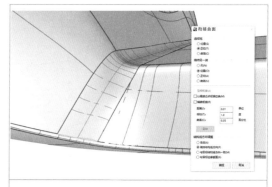

25）造型倒角。用同样的方式对手柄电池盖部分的区域进行倒角。注意混接生成的面首尾两端要匹配好。所有面生成后组合并检查是否有外露边缘，如果有破面或者接不上等情况应及时调整。

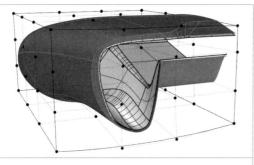

26）构建厚度。由于曲面的造型复杂，直接偏移曲面来产生厚度容易失败。因此，此处先将构建好的 1/2 模型复制一份并整体缩小。接着使用 UDT 变形控制器（Cage Edit）调整厚度面的内部造型（变形 = 快速 维持结构 = 是）以构建出简洁的曲面。控制点数则按具体需求设置即可。调整造型时注意内部曲面的对称性。

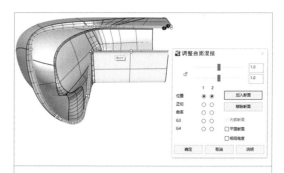

27）构建出内部曲面后，混接（连续性 =G0）得到厚度面即可。

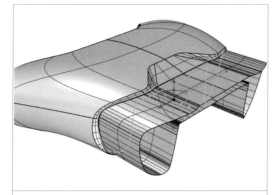

28）构建顶部按钮。将模型整体镜像组合，之后复制出厚度内部的边缘（如图中黄色线条所示），并挤出顶部按钮的造型面。

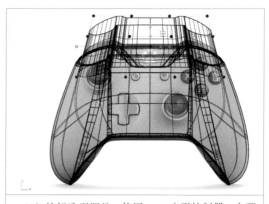

29）按钮造型调整。使用 UDT 变形控制器，在顶视图调整好顶部按钮的整体造型，再配合多个视图对造型进行微调。注意，其与内部厚度之间要留有缝隙，不要穿模。

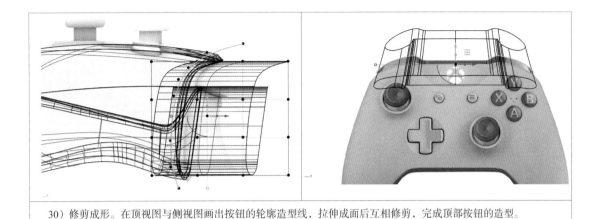

30）修剪成形。在顶视图与侧视图画出按钮的轮廓造型线，拉伸成面后互相修剪，完成顶部按钮的造型。

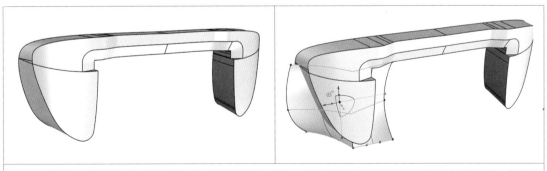

31）根据参考图将顶部按钮分割为上下两部分。

32）顶部按钮倒角及细节。分割后先对上部进行倒斜角处理，接着根据参考图画出按钮下部的造型截面线，复制两份，分别移动到合适的位置。使用放样生成切割面。此处可以开启记录构建历史，调整 3 根线的造型以调整切割面。之后将多余的部分切割掉再镜像到另一侧即可。

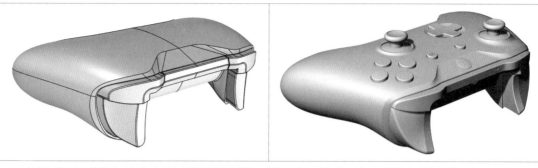

33）按钮细节。根据参考图将按钮上部使用布尔运算工具分割成 3 个部分。之后对按钮整体倒圆角处理，并刻画出细节部分。至此，游戏手柄整体建模完成，如图 4-12 所示。

图 4-12　游戏手柄渲染效果（作者：陈国仁）

# 第五章　参数化建模

## 第一节　基础概述

### 一、概述与界面

随着计算机图形技术的发展变化，参数化建模方式最初在建筑设计领域大放异彩，因而大量 GrassHopper（草蜢，以下简称 GH）教材及教学课程更加偏向于建筑方向的内容。但是，参数化建模如今在工业设计领域也有了非常多的应用，因而本章会更多地从工业产品设计的角度来解析 GH。常见的参数化纹理如图 5-1 所示。

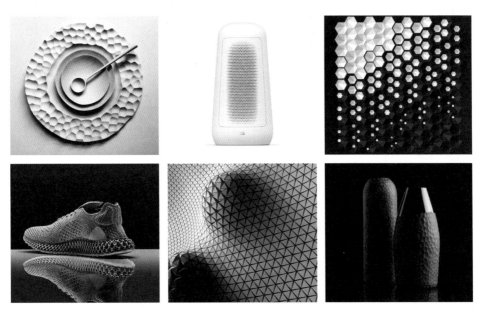

图 5-1　常见的参数化纹理

GH 是一款 Rhino 平台下的参数化建模插件，Rhino6 之前的版本需要单独安装，Rhino6 之后的版本直接将其整合并内置到了 Rhino 软件中，功能更加齐全，运行速度更快。从这一点也可以看出 Rhino 对建模趋势发展的预判和对参数化建模在战略层面的重视。GH 的基本界面如图 5-2 所示。

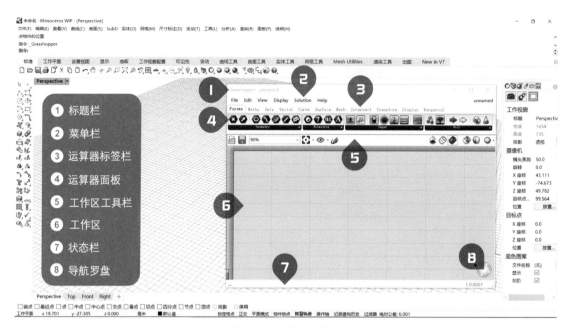

图 5-2　GH 的基本界面

## 二、运算器选项卡

参数（Params）运算器面板如图 5-3 所示，负责点、线、面、体等基本元素的导入和数据输入等。

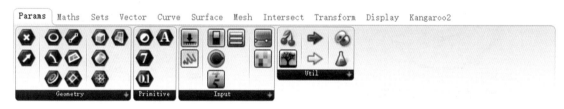

图 5-3　Params 运算器面板

数学（Maths）运算器面板如图 5-4 所示，负责数学运算、数据处理等。

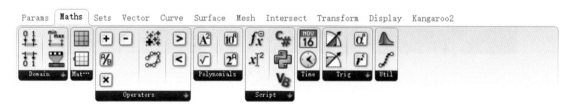

图 5-4　Maths 运算器面板

设置（Sets）运算器面板如图 5-5 所示，负责数据的生成、转化和调整。

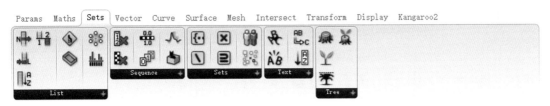

图 5-5　Sets 运算器面板

向量（Vector）运算器面板如图 5-6 所示，负责方向、尺度、基准面的定义。

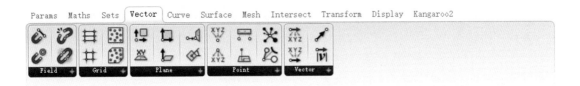

图 5-6　Vector 运算器面板

曲线（Curve）运算器面板如图 5-7 所示，负责曲线的定义和处理。

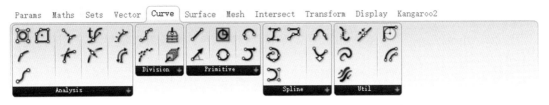

图 5-7　Curve 运算器面板

曲面（Surface）运算器面板如图 5-8 所示，负责曲面的定义和处理。

图 5-8　Surface 运算器面板

网格面（Mesh）运算器面板如图 5-9 所示，负责网格面的定义和处理。

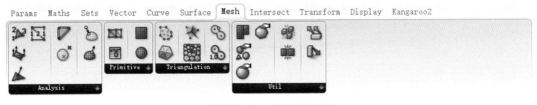

图 5-9　Mesh 运算器面板

数据交集（Intersect）运算器面板如图 5-10 所示，负责数据的判断和布尔运算。

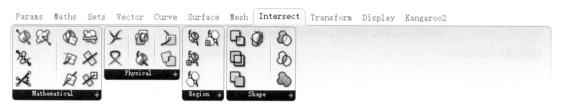

图 5-10　Intersect 运算器面板

变形（Transform）运算器面板如图 5-11 所示，负责对基本元素产生通用变形，例如缩放、阵列、扭转等。

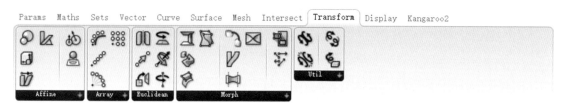

图 5-11　Transform 运算器面板

显示（Display）运算器面板如图 5-12 所示，负责颜色、材质等视觉显示效果的控制。

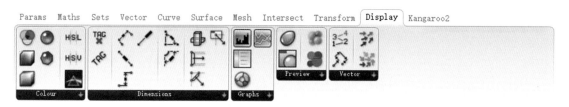

图 5-12　Display 运算器面板

袋鼠插件（Kangaroo2）运算器面板如图 5-13 所示，主要负责进行动力学分析及运算，比如粒子、弹性、流体运算等。

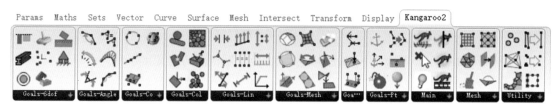

图 5-13　Kangaroo2 运算器面板

## 三、原理初步解析

GH 的建模方式与传统建模方式（NURBS、POLYGON）迥然不同，最主要的体现便是在物件造型的描述原理上。NURBS 可以被简单地认为是一种通过数学公式去定义形态的建模方式，这样模型精准程度理论上可以做到非常高；POLYGON 可以被简单地认为是通过无数个三角面或者四边面去拟合一个造型的建模方式，这样的情况下，三角面（或者四边面）的数目越多，对造型的描述越精准，同时数据量越大。而GH 所代表的参数化建模方式，则是一个从建模过程入手来定义一个造型的建模方法。GH 编写的不是模型本身，而是整个模型的生成过程。因此，我们可以很容易且直观地修改 GH 的生成过程，从而完成对整个运算结果（即最终模型）的修改。GH 符合数据输入、变量控制、数据运算和输出这样的一套逻辑体系，如图 5-14 所示。因此，其本身也可以看作一款可视化的编程软件，建模的过程实际上也是对模型生成逻辑的编辑过程。

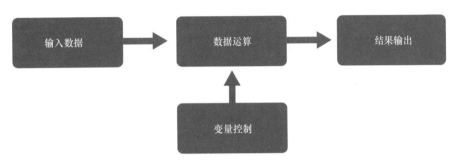

图 5-14　GH 的运算逻辑

GH 的运算过程，可以像一段程序一样大致分解成输入（INPUT）、变量（VARIABLE）、输出（OUTPUT）。每一个功能模块不是以代码，而是以电池块这样图形化的形式存在。首先，从一个最基础的数学运算来理解 GH。

$$2+3=5$$

式中，"2""3"是 INPUT；"+"是 VARIABLE；"5"是 OUTPUT，如图 5-15 所示。

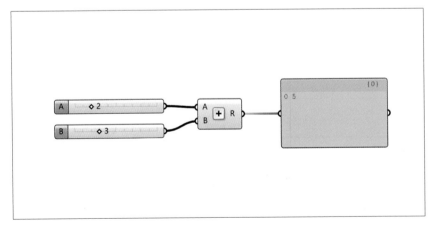

图 5-15　GH 的简单数据运算

还可以尝试多个数据同时操作，如图 5-16 和图 5-17 所示。

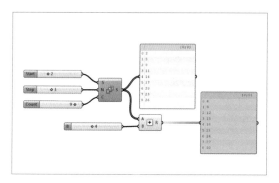

图 5-16　一组数列分别和一个数进行加法运算

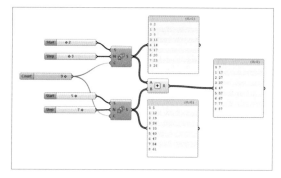

图 5-17　一组数列和另一组数列进行加法运算

这也是 GH 的魅力之处，常规建模方式是针对单一对象操作，而 GH 却能做到同时操作多组数据，甚至产生联动。通过不同数据的联动，可以在 GH 里面做出随机、渐变、干扰、数据处理、迭代等多种操作并应用到产品造型、肌理的构建和优化中去。

INPUT 在 GH 里面主要分为两种方式：外部导入、内部定义。依托于 Rhino 强大的曲面建模能力，可以先建一个初始造型，然后通过如下电池块导入 GH 进行进一步运算，如图 5-18 和图 5-19 所示。

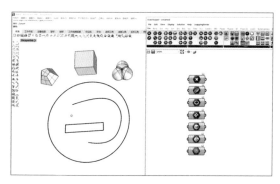

图 5-18　未导入外部数据的电池（橙色状态）

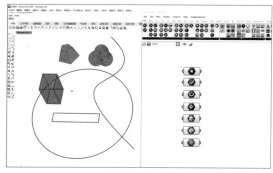

图 5-19　已导入外部数据的电池（银色状态）

同时，还可以完全用参数在 GH 里面定义一个物件。比如用坐标定义一个点，如图 5-20 所示，或者用中心点和半径定义一个圆，如图 5-21 所示，以及用一组数列定义圆的半径，如图 5-22 所示。

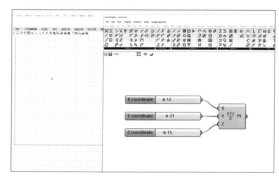

图 5-20　用坐标定义一个点

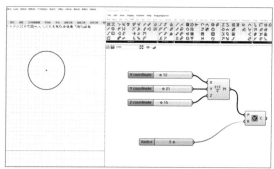

图 5-21　用中心点和半径定义一个圆

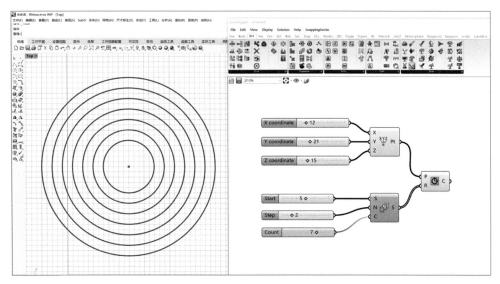

图 5-22 用一组数列定义圆的半径

## 第二节 参数化造型思路

### 一、思路 1——干扰

GH 最为核心的环节便是变量控制。变量控制本质上是针对数据的处理，比如数学（Math）运算、曲面（Surface）运算、向量（Vector）运算等。

下面介绍如何用一根曲线去干扰一组圆的造型，如图 5-23 所示。

具体操作步骤如下。

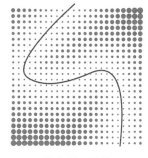

图 5-23 干扰

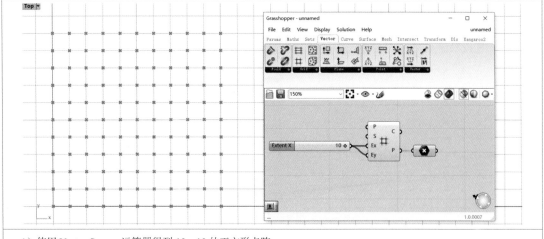

1）使用 Vector-Square 运算器得到 10×10 的正方形点阵。

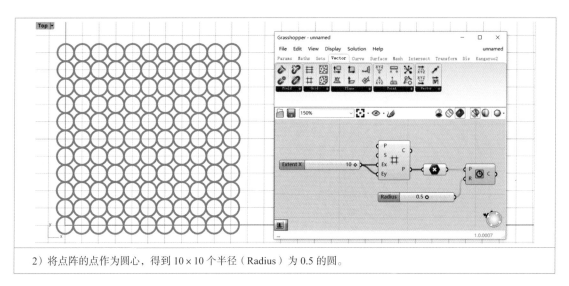

2）将点阵的点作为圆心，得到 10×10 个半径（Radius）为 0.5 的圆。

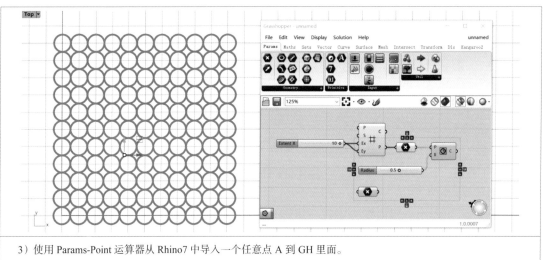

3）使用 Params-Point 运算器从 Rhino7 中导入一个任意点 A 到 GH 里面。

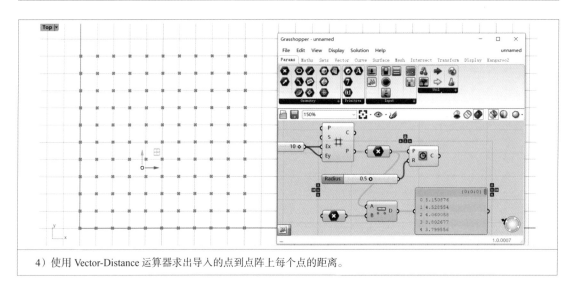

4）使用 Vector-Distance 运算器求出导入的点到点阵上每个点的距离。

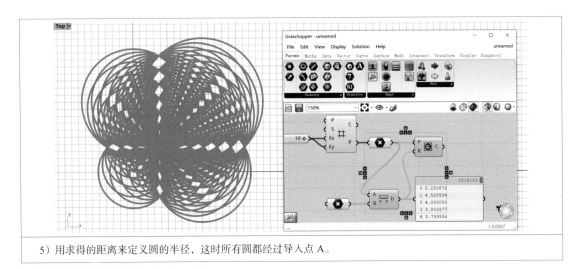

5）用求得的距离来定义圆的半径，这时所有圆都经过导入点 A。

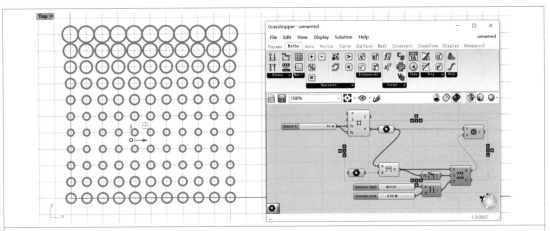

6）将圆的半径用 Maths-Remap Numbers 运算器压缩到一定范围内（0.20 ~ 0.50）。此时可以发现圆的大小并不是完全按照离点 A 的距离来变化的。这是因为圆的数据分组为 $10 \times 10$，需要将其修改为 $1 \times 100$。

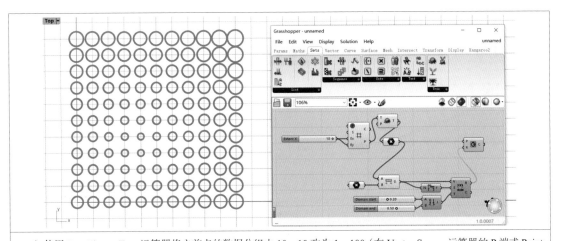

7）使用 Sets-Flatten Tree 运算器将之前点的数据分组由 $10 \times 10$ 改为 $1 \times 100$（在 Vector-Square 运算器的 P 端或 Point 运算器的左端，单击右键选择 Flatten 选项也可达到同等效果）。此时圆的半径大小与到点的距离正相关，即实现了用点来干扰圆的半径。

TIPS　使用 Sets-Flatten Tree 运算器拍
　　　平数据分支前，点是由 $10 \times 10$
　　　的网格生成，也就是分成 10 个
　　　分支，每个分支里面有 10 个
　　　点，如图 5-24 所示。

　　　拍平后，10 个分支合并为一
　　　个分支，这个分支里面有 100
　　　个点。

　　　GH 里面多个数据运算时，一定
　　　要注意不同数据之间的数据结
　　　构的对应关系。

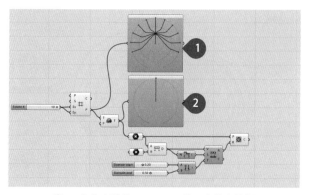

❶ 10 个分支数据　　　　❷ 1 个分支数据

图 5-24　数据分支结构

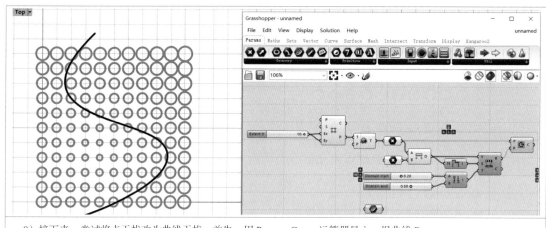

8）接下来，尝试将点干扰改为曲线干扰。首先，用 Params-Curve 运算器导入一根曲线 B。

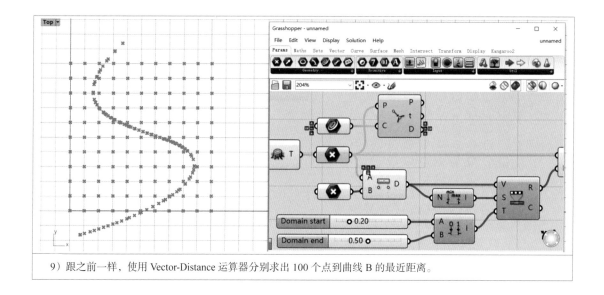

9）跟之前一样，使用 Vector-Distance 运算器分别求出 100 个点到曲线 B 的最近距离。

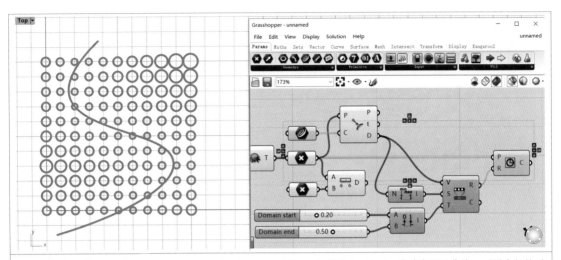

10）将求得的距离，用 Maths-Remap Numbers 运算器映射到一定范围内。此时，成功实现了曲线 B 对圆半径的干扰。在 Rhino7 中修改曲线的造型，圆半径也会随之发生改变。

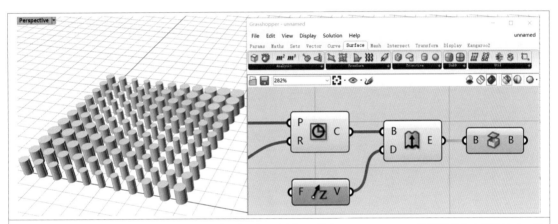

11）使用 Surface-Extrude 运算器将每个圆挤出得到空心圆柱，再用 Surface-Cap Holes 运算器将空心圆柱封口，得到 100 个高度默认为 1 的实心圆柱。

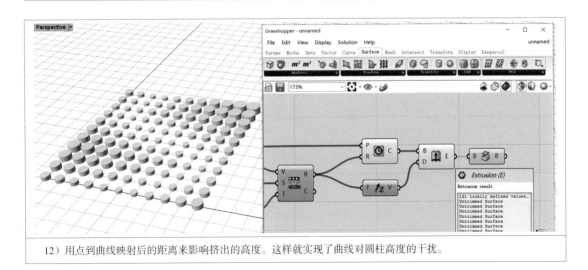

12）用点到曲线映射后的距离来影响挤出的高度。这样就实现了曲线对圆柱高度的干扰。

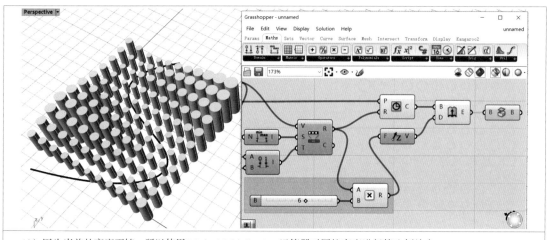

13）因为当前的高度不够，所以使用 Maths-Multiplication 运算器对圆柱高度进行等比例放大。

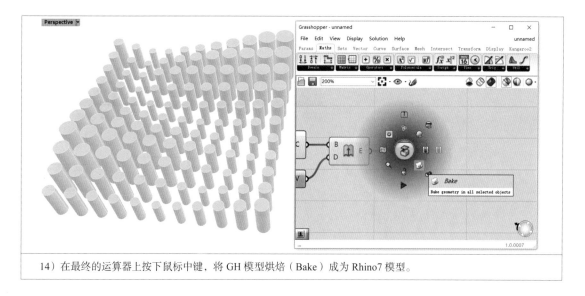

14）在最终的运算器上按下鼠标中键，将 GH 模型烘焙（Bake）成为 Rhino7 模型。

案例电池图如图 5-25 所示。

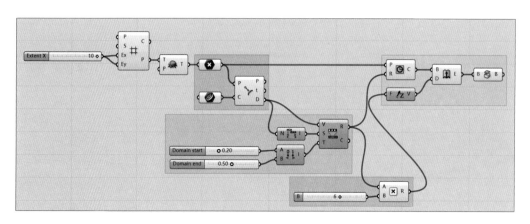

图 5-25　案例电池图

相关设计应用如图 5-26～图 5-28 所示。

图 5-26　空气净化器　　　　图 5-27　干扰散热孔　　　图 5-28　路由器

## 二、思路 2——随机

在产品造型设计的过程中，经常会应用到很多随机形态，如图 5-29 所示。然而手工调整必然会掺入很多操作者的主观意识，造成形体的随机感欠缺，显得生硬。另一方面，通过手动调整构建随机形态的效率太低，不仅会浪费大量时间和精力，而且修改起来也极为不便。

利用参数化插件内置的随机工具，可以很轻易地实现可控的随机效果，并且后期调整也极为容易。

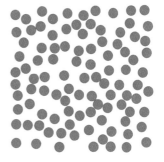

图 5-29　随机形态

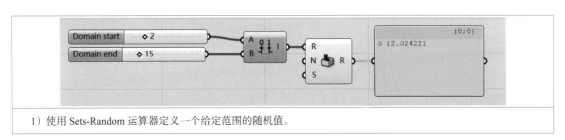

1）使用 Sets-Random 运算器定义一个给定范围的随机值。

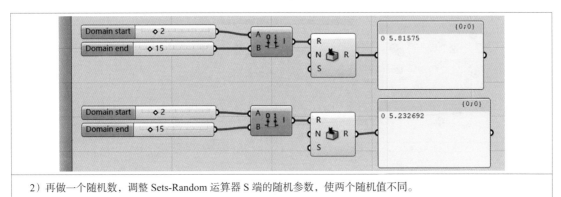

2）再做一个随机数，调整 Sets-Random 运算器 S 端的随机参数，使两个随机值不同。

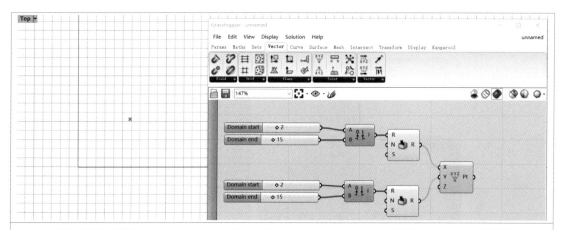

3）将两个随机数分别作为一个点的 X，Y 坐标，使用 Vector-Construct Point 运算器定义一个点。这样就得到了一个随机点。

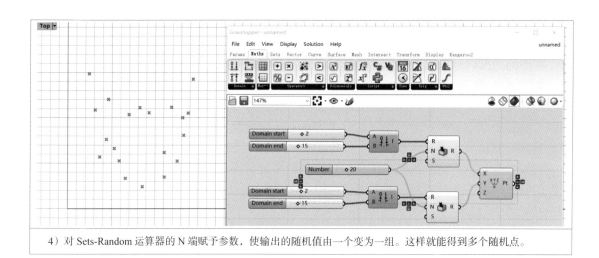

4）对 Sets-Random 运算器的 N 端赋予参数，使输出的随机值由一个变为一组。这样就能得到多个随机点。

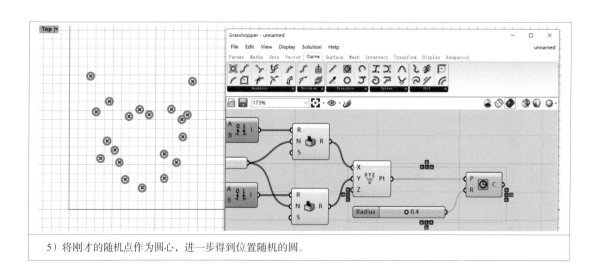

5）将刚才的随机点作为圆心，进一步得到位置随机的圆。

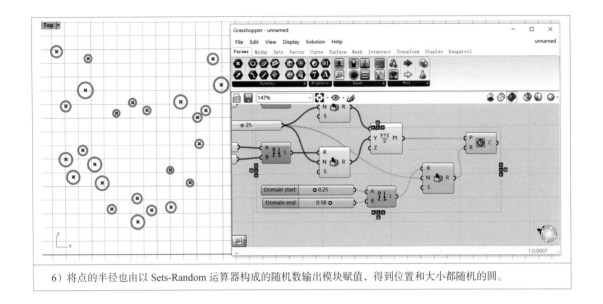

6）将点的半径也由以 Sets-Random 运算器构成的随机数输出模块赋值，得到位置和大小都随机的圆。

接下来，利用随机思路构建一个无定形态的绸缎曲面。

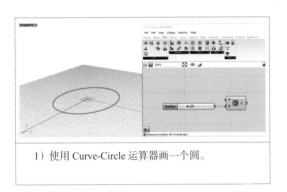

1）使用 Curve-Circle 运算器画一个圆。

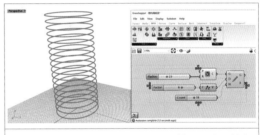

2）使用 Transform-Linear Array 运算器沿着 Z 轴方向阵列大约十几份。

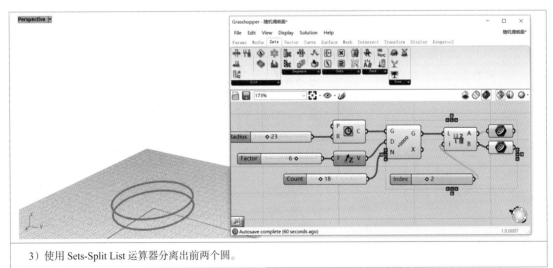

3）使用 Sets-Split List 运算器分离出前两个圆。

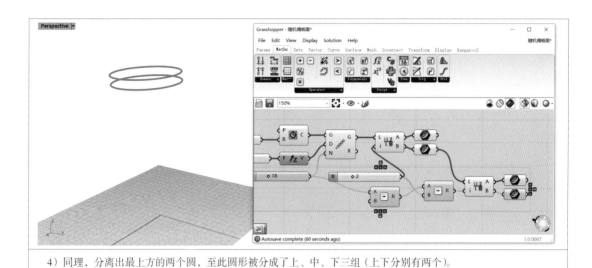

4）同理，分离出最上方的两个圆，至此圆形被分成了上、中、下三组（上下分别有两个）。

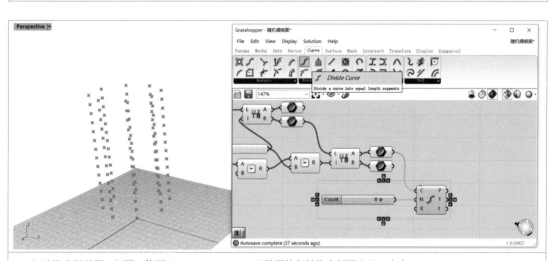

5）选取中间的那一组圆，使用 Curve-Divide Curve 运算器均匀抽取中间圆上的 8 个点。

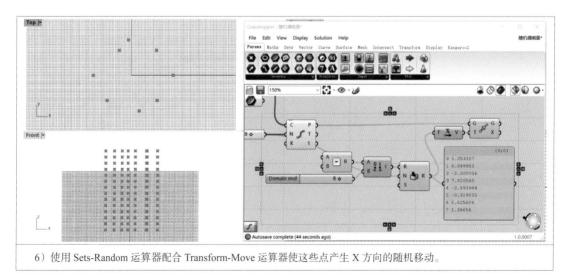

6）使用 Sets-Random 运算器配合 Transform-Move 运算器使这些点产生 X 方向的随机移动。

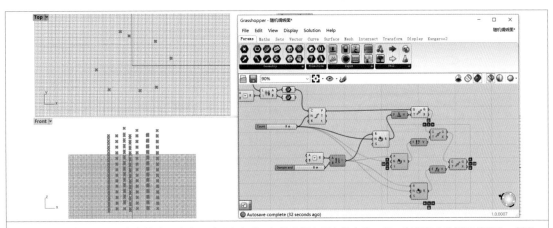

7）同理，产生 Y 和 Z 方向的随机移动。可以注意到，如果以每个圆上的点为一组，每组移动的随机效果是一样的。这是因为点有多组，但是随机数只有一套。

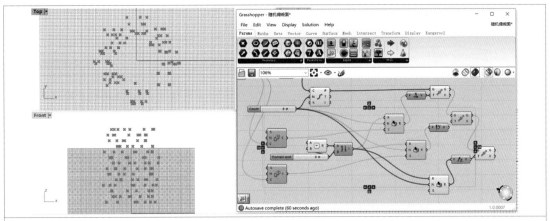

8）使用 Sets-Series 运算器生成一组和圆的个数相等的数列作为随机种子连接到前两个 Sets-Random 运算器（负责为 X、Y 方向的移动提供随机值）的 S 端，数列的数字不重要，只要保证两个数列电池的数不相同即可。从而得出多组不同的随机数。

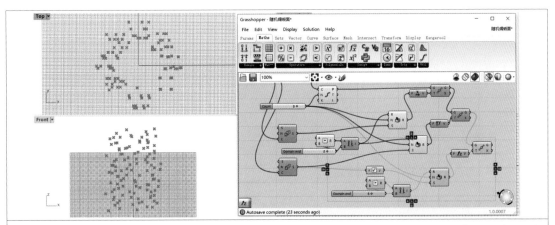

9）调整随机数的取值区间，从而降低 Z 方向变化的随机程度。再将之前的数列开方（其他数学操作均可，主要是为了使不同随机运算器的随机参数不一样），然后连接到第三个 Sets-Random 运算器（负责为 Z 方向提供随机值）的 S 端。

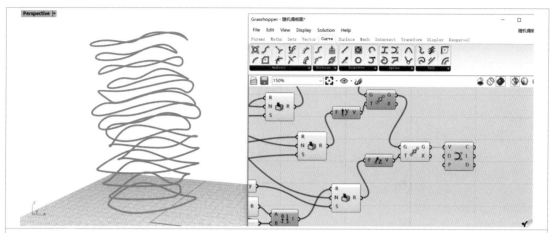

10）使用 Curve-Nurbs Curve 运算器将每一组点串起来得到一堆随机变化的线条。Curve-Nurbs Curve 运算器的 D 端用于修改曲线阶数（默认 3 阶），P 端控制曲线是否首尾闭合。

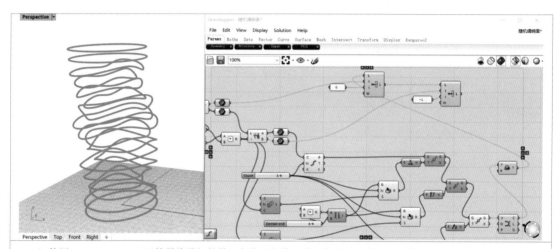

11）使用 Sets-Insert Items 运算器将最初的最上方的两根线、最下方的两根线按照顺序合流到一组数据里，便于接下来整体操作。Sets-Insert Items 运算器的 i 端表示插入数据的位置，0 表示最前面，−1 表示最后面。

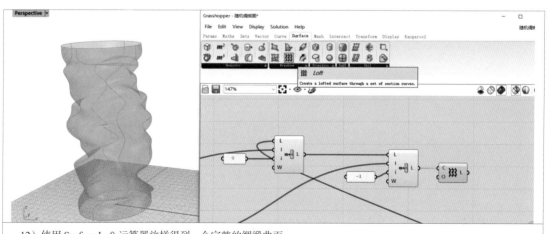

12）使用 Surface-Loft 运算器放样得到一个完整的绸缎曲面。

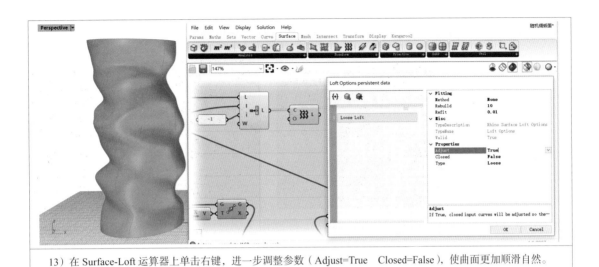

13）在 Surface-Loft 运算器上单击右键，进一步调整参数（Adjust=True　Closed=False），使曲面更加顺滑自然。

14）电池全貌。

得到的随机绸缎面如图 5-30 所示。

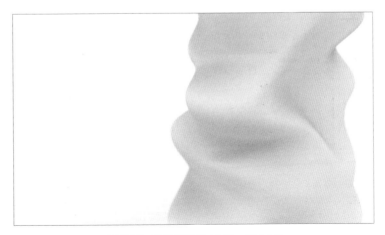

图 5-30　随机绸缎面（作者：刘金阳）

相关设计应用如图 5-31 ～图 5-33 所示。

图 5-31  锤目纹灯罩

图 5-32  流动的肌理

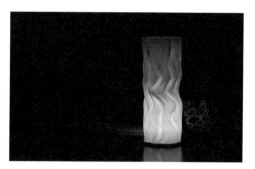

图 5-33  POCU 灯罩

## 三、思路 3——泰森多边形

泰森多边形又叫冯洛诺伊图（Voronoi Diagram），如图 5-34 所示，得名于 Georgy Voronoi，由一组连接两邻点线段的垂直平分线组成的连续多边形组成。一个泰森多边形内的任一点到构成该多边形的控制点的距离小于到其他多边形控制点的距离。

泰森多边形得益于其随机而和谐的美感，在建筑和产品设计领域被广泛使用。自然界里看似随意的图样，同样被认为是极富艺术价值的。

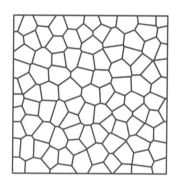

图 5-34  泰森多边形

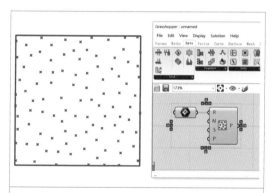

1）使用 Vector-Populate 2D 运算器得到一堆随机点（默认 100 个点，可以在 N 端控制数量），并用一个矩形定义点所在的范围。

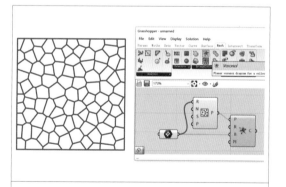

2）使用 Mesh-Voronoi 运算器，以上一步的随机点为基础点，矩形为边界，直接得到一组泰森多边形曲线。

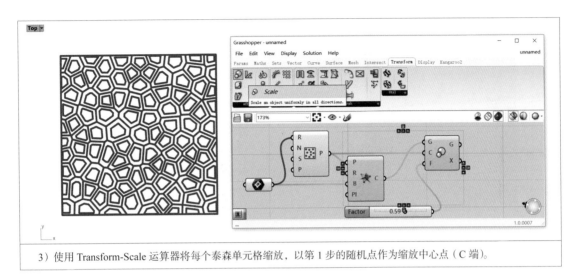

3）使用 Transform-Scale 运算器将每个泰森单元格缩放，以第 1 步的随机点作为缩放中心点（C 端）。

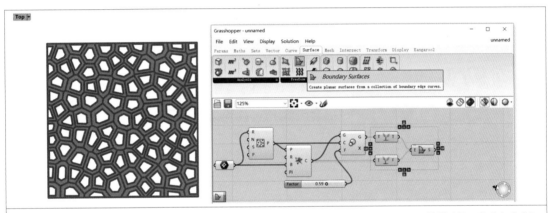

4）将前面通过 Mesh-Voronoi 运算器和 Transform-Scale 运算器得到的两组线用 Sets-Graft 运算器升枝，使其变成多组独立的曲线（每组一根线），并使用 Surface-Boundary 运算器生成曲面。至此，得到一个可作为建筑外立面的基本纹理。

**TIPS** 按住〈Shift〉键连线可以将多根线连接到同一电池，按住〈Ctrl〉键连线可以取消当前连线。

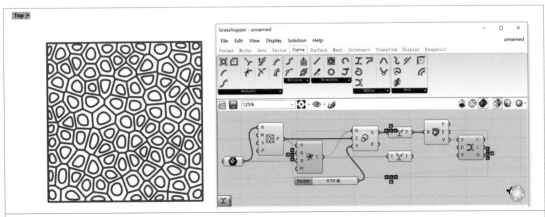

5）回到第 3 步，使用 Surface-Deconsturct Brep 运算器得到每个线段的端点，然后使用 Curve-Nurbs Curve 运算器将这些点串成曲线（P 端控制曲线首尾的相接与否，选择 True）。

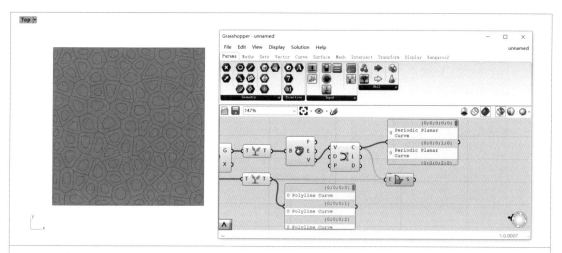

6）尝试使用 Surface-Boundary 运算器得到平面。但是由于两者数据结构不同，无法得到理想的曲面。这是因为两者的数据结构不一样，直线段曲线有四个层级，而曲线有五个层级，可以形象地理解为两者差了辈分，无法"联姻"。

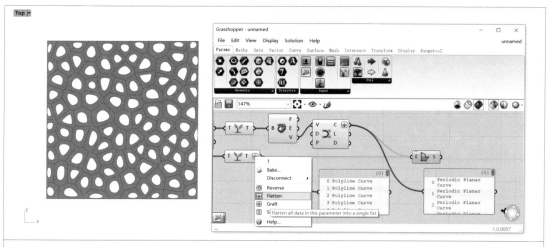

7）在两组数据末端单击右键打开选项面板，选择 Flatten 选项将数据拍平（也可以使用 Sets-Flatten Tree 运算器拍平），使两组数据的结构相同（都只有一个层级），成功得到目标纹理。

案例电池图如图 5-35 所示。

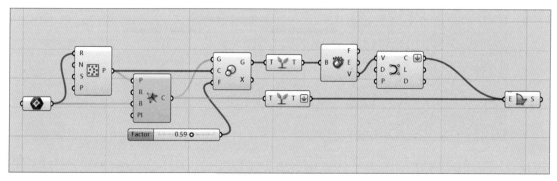

图 5-35　案例电池图

相关设计应用如图 5-36 和图 5-37 所示。

图 5-36　建筑外立面　　　　　　　　　　　图 5-37　产品散热孔

# 第三节　产品纹理形态表现

## 一、孔洞＋斐波那契数列

斐波那契数列中的斐波那契数会经常以实物形态出现在我们的眼前，比如松果、凤梨、树叶的排列，某些花朵的花瓣数（典型的有向日葵花瓣），还有蜂巢、蜻蜓翅膀、超越数 e（可以推出更多）、黄金矩形、黄金分割数、等角螺线等。

不少设计师从自然中获取灵感，将这一元素融合到产品设计中去，如图 5-38 所示蓝牙音箱。

图 5-38　蓝牙音箱

蓝牙音箱外观建模步骤如下。

| | |
|---|---|
| 1）调整好参考图的位置并建出音箱的基础形态。 | 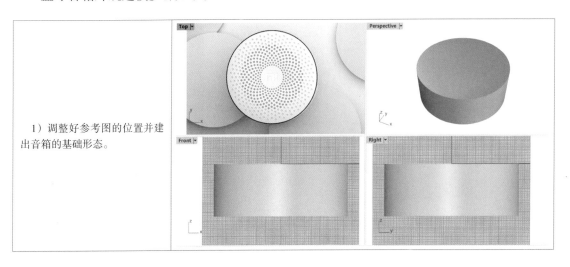 |
| 2）通过 Vector-Construct Point 运算器得到 16 个点。 | 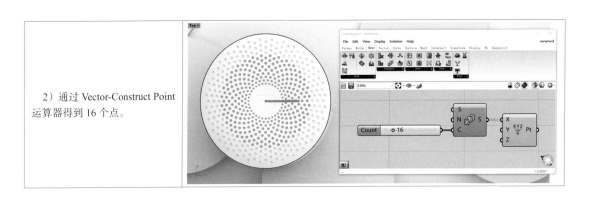 |

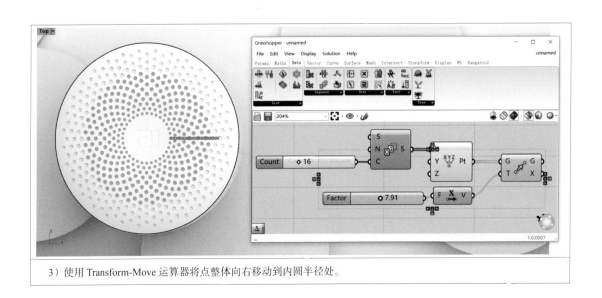

3）使用 Transform-Move 运算器将点整体向右移动到内圆半径处。

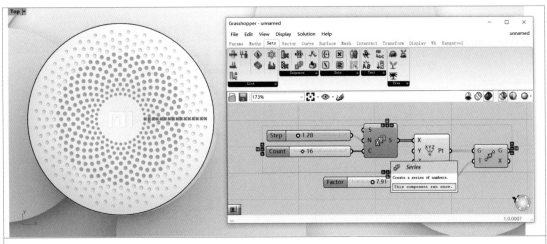

4）在 Sets-Series 运算器的 N 端输入变量来调整点的间隔，使点的外端刚好在外圆上。

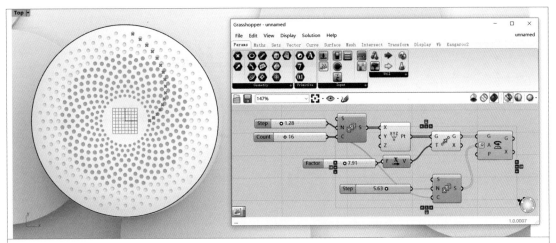

5）使用 Transform-Rotate 运算器将这些点依次旋转来接近螺旋线效果。此处在运算器 A 端单击右键选择 Degrees（以角度数据输入）。

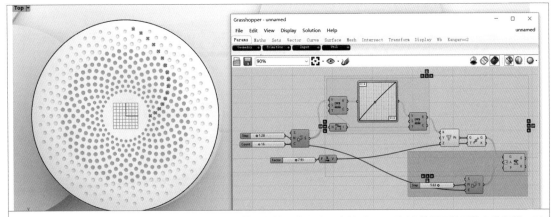

6）将点的间距使用以 Maths-Remap Numbers 运算器为核心的电池组映射到 0~1 区间内并用函数干扰点的间距，再映射回原来的区间。最终使点的分布尽可能接近参考图（此处运算器 S 端和 T 端默认区间为 0~1）。

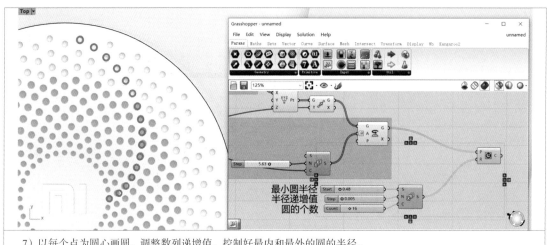

7）以每个点为圆心画圆，调整数列递增值，控制好最内和最外的圆的半径。

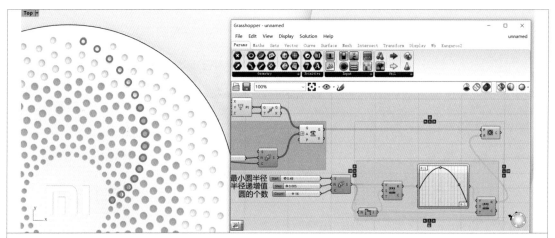

8）使用 Params-Graph Mapper 运算器，用与第 6 步的函数干涉相似的思路做出圆孔从小到大再到小的半径变化。此处使用的是 Parabola 类型的函数图像。

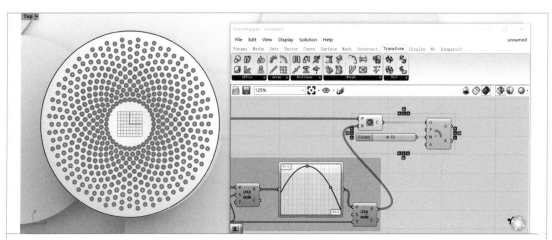

9）根据参考图效果，使用 Transform-Polar Array 运算器将得到的圆列环形阵列 32 份，便得到当前近似费马螺旋结构的圆孔了。

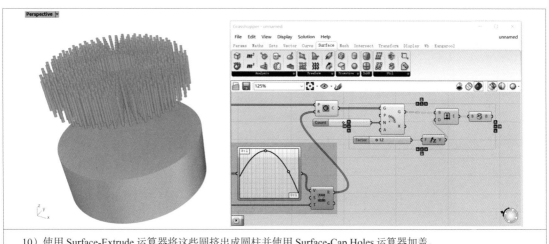

10）使用 Surface-Extrude 运算器将这些圆挤出成圆柱并使用 Surface-Cap Holes 运算器加盖。

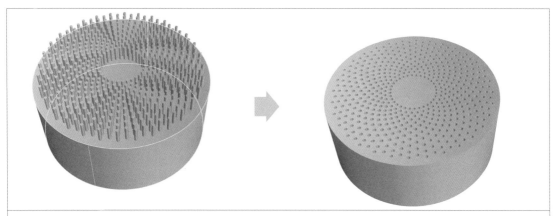

11）将得到的圆柱数据烘焙（Bake）到 Rhino7 中并调整到合适的位置，再通过布尔差集得到音箱孔的造型。至此，音箱散热孔纹理构建完成。

　　案例电池图如图 5-39 所示。

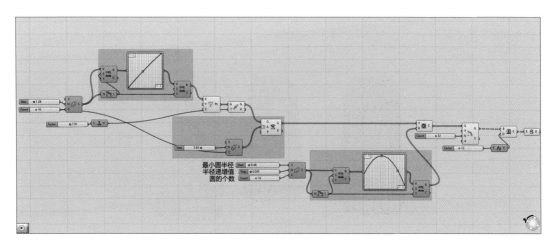

图 5-39　案例电池图

完成的蓝牙音箱如图 5-40 所示。

图 5-40　蓝牙音箱效果图

相关设计应用如图 5-41 和图 5-42 所示。

图 5-41　个性厨具

图 5-42　干燥器

## 二、孔洞 + 干扰

本节初步探讨了干扰思想的基本原理。接下来试着将这一思想进一步深化，并应用到产品孔洞的构造过程中去，如图 5-43 所示的取暖器。

图 5-43　取暖器

对散热孔造型分析可知，这些孔洞的位置呈菱形排布，半径大小受到两根曲线 A 和 B 的干扰如图 5-44 所示。曲线 A 内圆的半径一致，曲线 A 和 B 之间圆的半径由 A 到 B 依次减小，减小的程度与到 A 和 B 两根曲线的距离的比值相关。

图 5-44　网孔特征分析

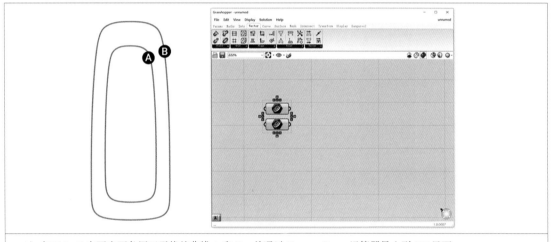

1）在 Rhino7 中画出两条用于干扰的曲线 A 和 B，并通过 Params-Curve 运算器导入到 GH 里面。

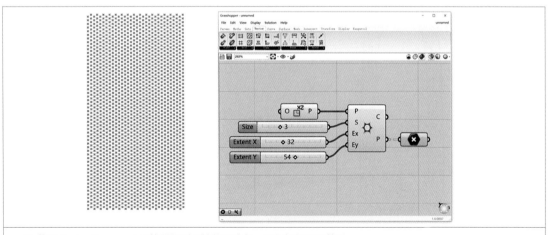

2）使用 Vector-Hexagonal 运算器得到足够的矩阵点，调整好间距和数目。

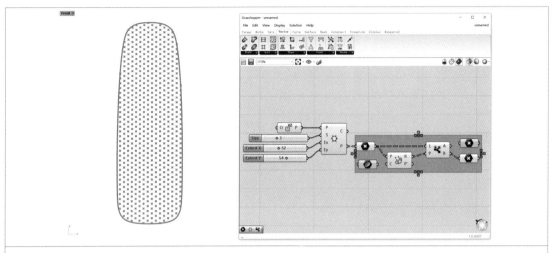

3）使用 Curve-Point In Curve 运算器判断点是在曲线的外面还是里面，从而通过 Sets-Dispatch 运算器将两者分开。

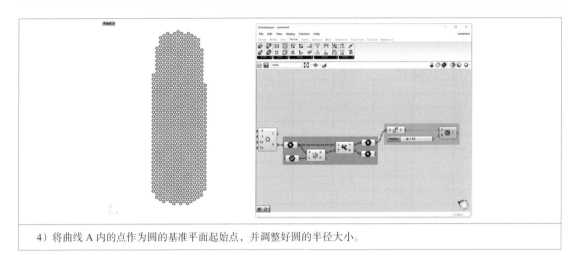

4）将曲线 A 内的点作为圆的基准平面起始点，并调整好圆的半径大小。

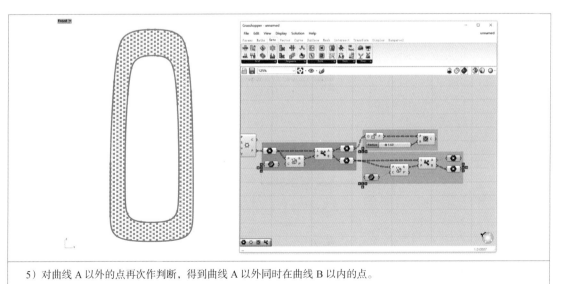

5）对曲线 A 以外的点再次作判断，得到曲线 A 以外同时在曲线 B 以内的点。

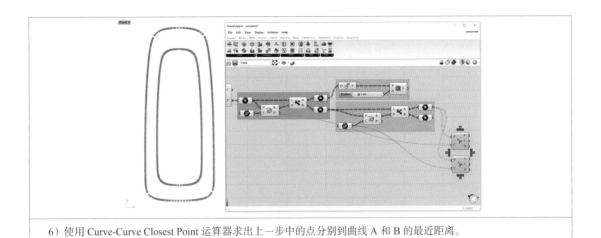

6）使用 Curve-Curve Closest Point 运算器求出上一步中的点分别到曲线 A 和 B 的最近距离。

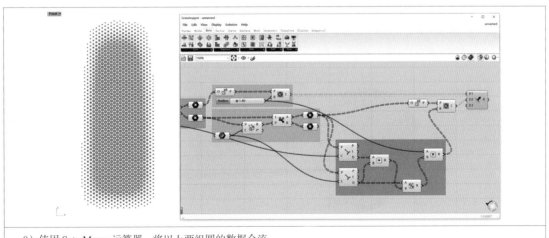

7）使用 Maths-Division 运算器，将点到曲线 B 的距离，除以点到曲线 A 加上到曲线 B 的总距离，并使用 Maths-Multiplication 运算器乘以曲线 A 内的圆的半径，从而使曲线 A 和 B 之间的圆的半径由内到外均匀减小。

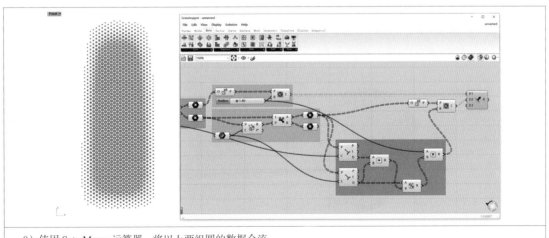

8）使用 Sets-Merge 运算器，将以上两组圆的数据合流。

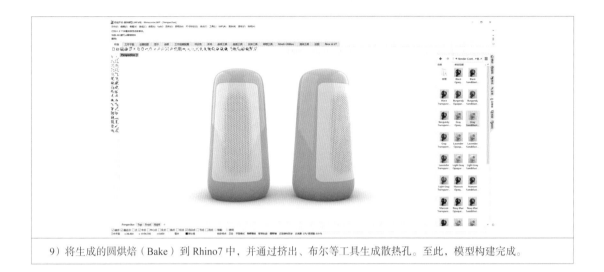

9）将生成的圆烘焙（Bake）到 Rhino7 中，并通过挤出、布尔等工具生成散热孔。至此，模型构建完成。

案例电池图如图 5-45 所示。

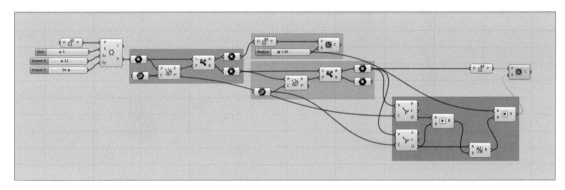

图 5-45　案例电池图

相关设计应用如图 5-46 和图 5-47 所示。

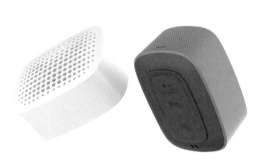

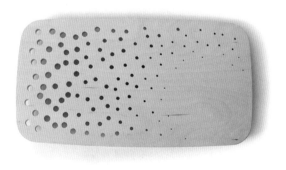

图 5-46　便携式音箱　　　　　　　　　　图 5-47　创意桌面

## 三、泰森表面纹理陶器

锤目纹表皮陶罐如图 5-48 所示，其基础造型比较简单，表面的随机凹陷纹理可以看作是通过在表面随机挖去大量扁球形得到的。因此，可以尝试在造型表面构建随机球体，然后通过布尔运算差集得到当前造型。具体操作步骤如下。

图 5-48　锤目纹表皮陶罐

1）导入背景图，并画出陶器的侧面轮廓线。

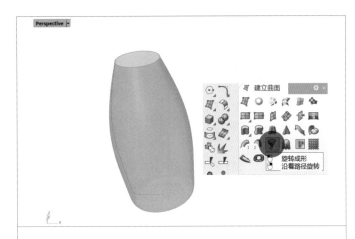

2）通过旋转成型（Revolve）得到陶器的造型，并导入到 GH 中。

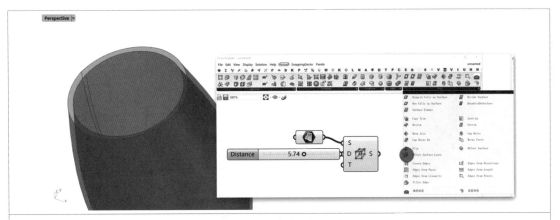

3）使用 Surface-Offset Surface Loose 运算器将曲面向外偏移一定的距离。

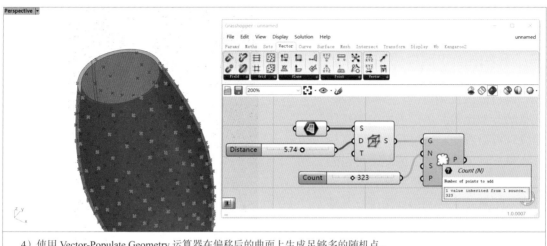

4）使用 Vector-Populate Geometry 运算器在偏移后的曲面上生成足够多的随机点。

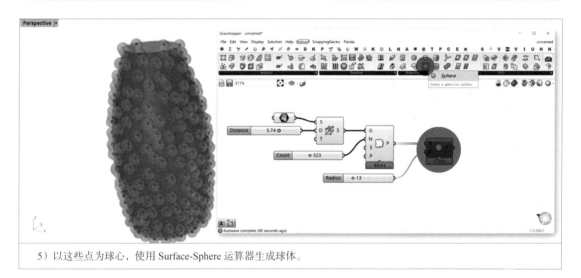

5）以这些点为球心，使用 Surface-Sphere 运算器生成球体。

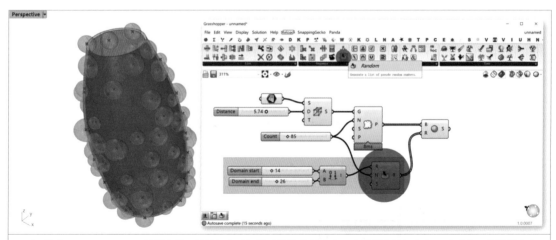

6）通过以 Sets-Random 运算器为核心的随机电池组使球体的半径也在一定范围内随机产生。这里由于数据量太大，暂时降低随机点的数量。

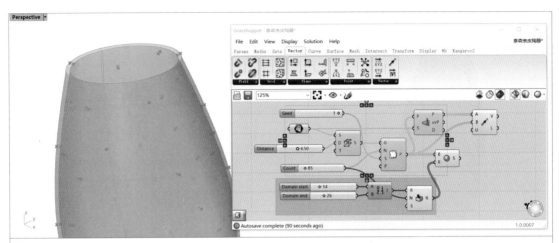

7）使用 Surface-Surface Closest Point 运算器得到内曲面上离外曲面上的随机点最接近的对应点，并通过 Vector-Vector 2Pt 运算器连接两点，得到曲面上各个随机点处的法线方向。

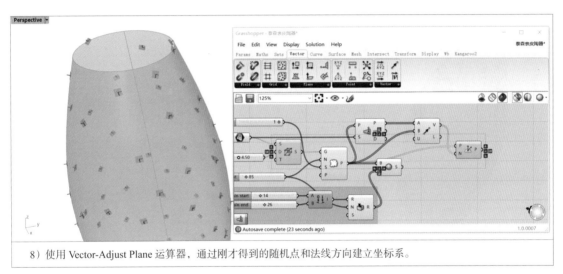

8）使用 Vector-Adjust Plane 运算器，通过刚才得到的随机点和法线方向建立坐标系。

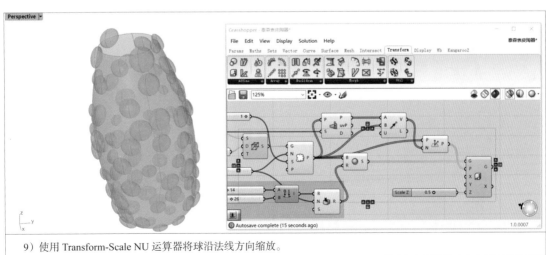

9）使用 Transform-Scale NU 运算器将球沿法线方向缩放。

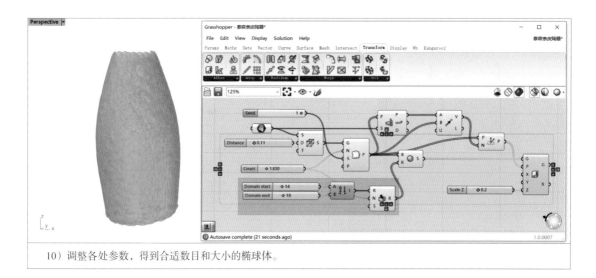

10）调整各处参数，得到合适数目和大小的椭球体。

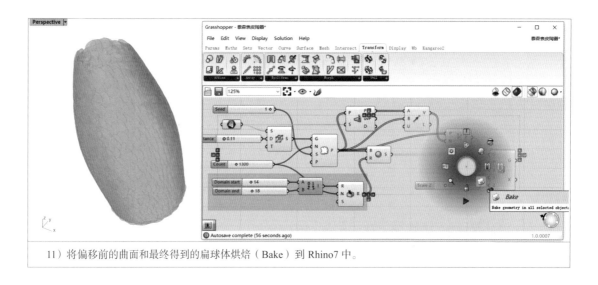

11）将偏移前的曲面和最终得到的扁球体烘焙（Bake）到 Rhino7 中。

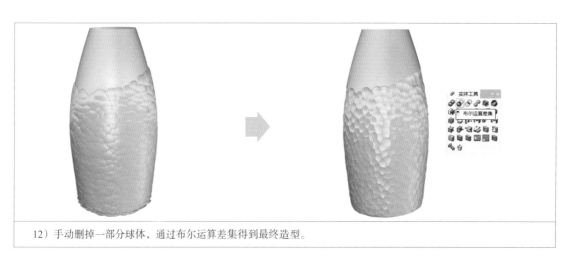

12）手动删掉一部分球体，通过布尔运算差集得到最终造型。

案例电池图如图 5-49 所示。

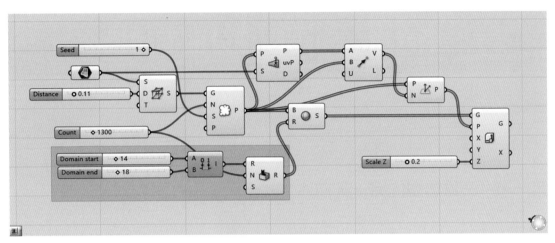

图 5-49　案例电池图

相关设计应用如图 5-50 和图 5-51 所示。

图 5-50　泰森多边形餐盘

图 5-51　泰森表面拖鞋

# 06 | 第六章　SubD 细分曲面建模

## 第一节　三维造型的另一种描述方式

NURBS 建模是 Rhino7 中常用的生面方式，即曲线构建曲面，曲面组合多重曲面。除了这种建模方式之外还有另一种描述造型的方式，即 SubD 细分建模方式。早期在 Rhino5 版本中的 T-Splines 插件提供多边形建模方式，方便用户构建有机曲面造型，之后由于被 Autodesk 公司收购就不再给 Rhino6 及以上版本提供更新版本。因此，Rhino 的出品公司从 Rhino6 版本开始自行开发一种细分建模方式——Rhino SubD 建模。NURBS 多重曲面和 SubD 细分网面对比如图 6-1 所示。

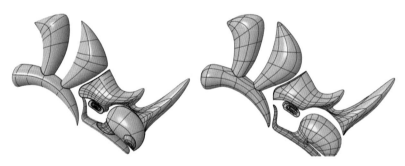

图 6-1　NURBS 多重曲面和 SubD 细分网面对比

Rhino SubD 对象是高精度的样条曲面，它们可能有折痕、尖锐或光滑的折角和孔。Rhino SubD 对象旨在快速建模和编辑复杂的有机形状，如图 6-2 所示。

与传统的基于网格的实现不同，Rhino SubD 对象不是细分化的网格对象，其与传统细分曲面的区别如图 6-3 所示。Rhino SubD 的用户体验与 Rhino NURBS 和网格物体的体验相同，也将有基于传统技术的新 SubD 建模和编辑工具。

图 6-2　复杂的有机形状

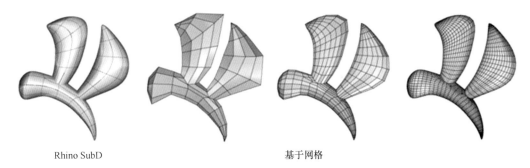

Rhino SubD　　　　　　　　　　　　　　　　基于网格

图 6-3　Rhino SubD 与传统细分曲面的区别

　　Rhino SubD 表面是可预测、可测量和可制造的。需要时，可以将它们转换为高质量的 NURBS 或网格（四边形或三角形）对象。

　　由于 SubD 曲面可以具有任意控制网，因此与 NURBS 多重曲面相比，很多有机形状更适合用 SubD 曲面进行建模，如图 6-4 所示。

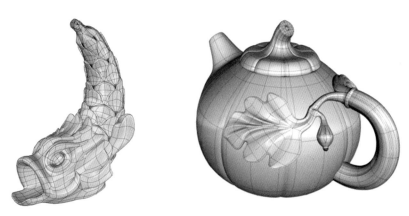

图 6-4　SubD 曲面描述的模型

同时，SubD 建模方式还具有如下优点。

- Rhino7 用户和其他 SubD 建模产品用户熟悉的 UI。
- 与其他 Rhino7 对象兼容。
- 可制造的精度。
- SDK、openNURBS、Grasshopper 等软件完全支持。
- 与其他 NURBS 对象、封闭曲面实体对象、MESH 网格对象和 SubD 对象等建模产品兼容的数据。换句话说，Rhino SubD 对象应通过 STEP 或 IGES 导出到 SOLIDWORKS，并以相同的高保真度导出到 Modo 或 Maya。

　　Rhino SubD 对象支持所有导出的 MESH 对象和 NURBS 对象格式（包括 IGES、STEP、OBJ 和 STL 格式数据）。

　　使用 SubDFromMesh 命令可把普通网格对象转换成 SubD 对象，如图 6-5 所示。

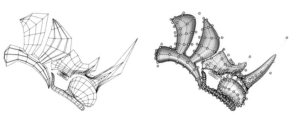

图 6-5　网格对象转化为 SubD 对象

NURBS 曲面与 SubD 细分曲面的区别见表 6-1。

表 6-1　NURBS 曲面与 SubD 细分曲面的区别

| | NURBS 曲面 | SubD 细分曲面 |
|---|---|---|
| 控制网格 | 控制网格是打开控制点时看到的网格。NURBS 曲面控制中的每个面都为四边形，每个内部顶点都有四条边 | 控制网格是可以具有任意类型的面（三角形、四边形、五边形、六边形等）的网格。顶点可以具有任意数量的边。允许有孔 |
| 极限曲面 | NURBS 曲面是 NURBS 控制网格的"极限曲面" | 好的细分方法是这样设计的，如果应用这个细分方法无限次，就会得到一个曲面。这就是"极限曲面" |
| 实例 | | |
| 复杂造型 | 要使用 NURBS 形成复杂的形状，用户需要仔细排列矩形表面或进行修剪。调整控制网格时，必须注意保持内部边缘光滑 | 控制网格可能很复杂，内部边缘可以是光滑的，也可以是有折痕的。在对控制网格进行编辑时，保留了光滑区域和折痕 |

# 第二节　SubD 基础工具的使用

## 一、状态转换与形状生成指令

Rhino SubD 多边形对象在转换多边形和平滑模式时可以用两种方式操作。方式一是按键盘的〈TAB〉键切换；方式二是在命令行输入 SubDDisplayToggle 指令。效果如图 6-6 所示。

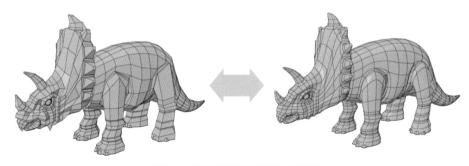

图 6-6　多边形模式和平滑模式的切换

将 SubDDisplayToggle 指令复制到"Rhino 选项"-"键盘"-"F4"后面的"指令巨集"栏中，设定快捷键，如图 6-7 所示。

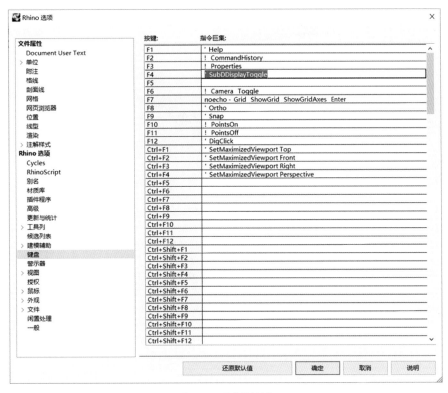

图 6-7　设定快捷键

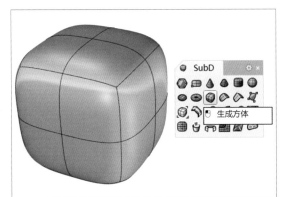

1）生成方体（Create SubD box）指令：绘制第一个角点，可以设置 XYZ 轴向的默认面数为 2，再确定立方体长度和高度，完成多边形立方体模型。此时点按〈TAB〉键可以使模型在平滑模式和多边形模式间切换。

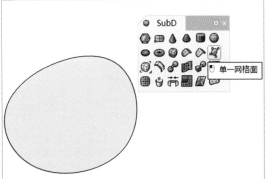

2）创建追加网面也是使用率非常高的指令，目前在 Rhino7 中可以用两个命令来创建追加网面：第一个命令是 3DFace 单一网格面工具，第二个命令是 AppendFace 指令，该指令可以在边缘连续绘制。此时点按〈TAB〉键可以使模型在平滑模式和多边形模式间切换。

117

## 二、对象选取指令

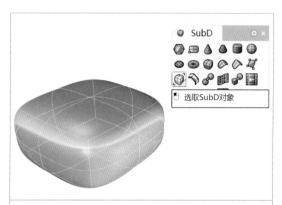

1）选取对象模式：鼠标左键单击选取 SubD 对象（Select SubD objects）指令，选取所有 SubD 对象。

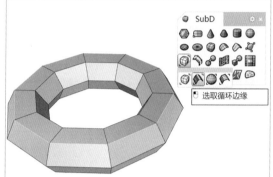

2）选取循环边缘模式：鼠标左键单击选取循环边缘（Select edge loop）指令，选取一个网格 /SubD 对象的循环边。按住〈Ctrl〉键并选择较亮的边缘以取消选择循环，再按〈Enter〉键确认所选边缘。按住〈Ctrl+Shift〉键并单击边缘以分别取消所选。

该命令仅适用于具有 UV 跨度信息的网格。按住〈Ctrl+Shift〉键并双击边缘可以快速选择循环边缘。按住〈Ctrl+Shift〉键单击第一个和最后一个网面或边缘，再双击区间中相邻第一个或最后一个的网面或边缘即可完成区间内循环选择。

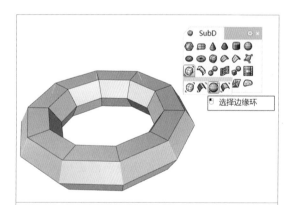

3）选取并联边缘模式：鼠标左键单击选择边缘环（Select edge ring）指令，通过在网格边缘中选择一条边缘来选择网格 /SubD 对象的并联边缘。按住〈Ctrl〉键并选择较亮的边缘以取消选择循环，再按〈Enter〉键确认所选边缘。按住〈Ctrl+Shift〉键并单击边缘以分别取消所选。

该命令仅适用于具有 UV 跨度信息的网格。按住〈Ctrl+Shift+Alt〉键并双击另一侧的边可以快速选择并联边缘。

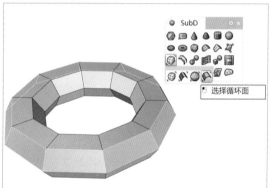

4）选取循环网面模式：鼠标左键单击选择循环面（Select face loop）指令，通过选择循环任意两个面之间的边来选择网格 /SubD 对象面的循环。按住〈Ctrl〉键并选择较亮的边缘以取消选择循环，再按〈Enter〉键确认所选。按住〈Ctrl+Shift〉键并单击网面以分别取消所选。

该命令仅适用于具有 UV 跨度信息的网格。按住〈Ctrl+Shift〉键单击一个面再双击相邻的下一个面可以快速选择循环网面。按〈F10〉键打开网格 /SubD 对象的控制点，按〈F11〉键关闭对象控制点。

## 三、对象编辑指令

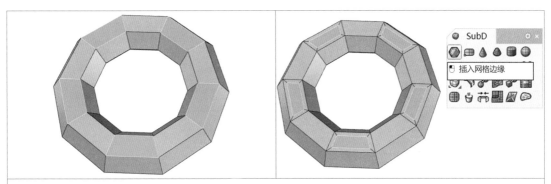

1）内部挤压：选定网格 /SubD 面的边缘，向每个面的中心偏移一定距离。首先，选择需要内部挤压的网面，然后使用插入网格边缘（Inset mesh edges）指令输入指定距离或选择两个点来定义距离，从而得到向内挤压的网格 /SubD 面。

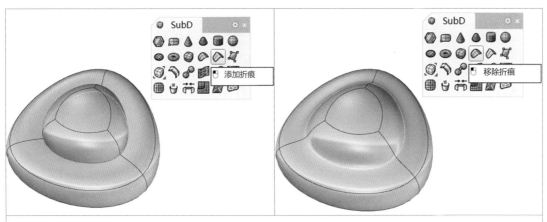

2）锐边工具：将平滑的 SubD 边 / 顶点更改为折边 / 顶点，或将焊接的网格边更改为未焊接的边。
添加折痕（Add crease）指令——锐化边缘。
移除折痕（Remove crease）指令——移除锐边。

SubD 边和顶点的类型：SubD 中有两种类型的边线和四种类型的顶点，如图 6-8 所示。黑色边缘表示光滑边缘；紫色边缘表示锐化边缘；橙色顶点表示光滑顶点；绿色顶点表示渐消顶点；蓝色顶点表示锐边顶点；红色顶点表示折角顶点。

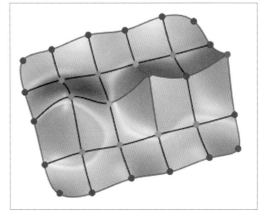

图 6-8　SubD 边和顶点的类型

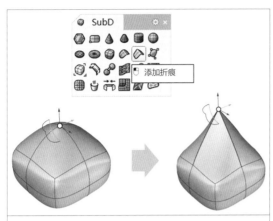

1）如果选择了一个顶点并且没有选择任何相邻的边，则该顶点将转换为折角顶点，并且每个相邻的边都会变成折痕。

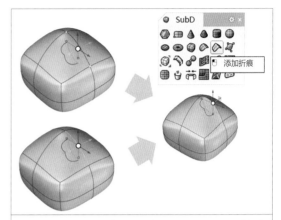

2）如果选择了一条边或一条边的两个顶点，则仅该边被变成折痕。

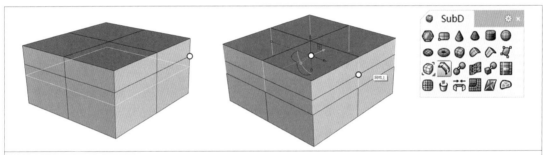

3）插入边缘（Insert edge）指令：将边缘插入连锁边缘的旁边或并列边缘的中间。包括【Type（T）=Loop】并联插入边缘；【Type（T）=Ring】循环插入边缘；【Mode（M）=Full】完整插入边缘；【Mode（M）=Range】局部插入边缘。

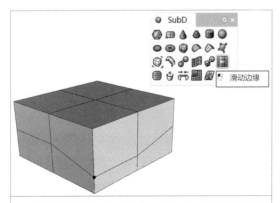

4）滑动边缘（Slide edge）指令：通过选取 SubD/ 网格的边缘，将其顶点向两侧面移动。

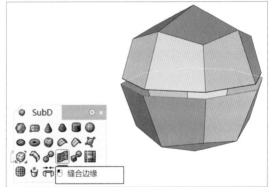

5）缝合边缘（Stitch Mesh or SubD edges）指令：缝合一对网格 /SubD 边缘顶点的位置。

步骤：选择第一组顶点或边（双击边选择循环边缘，按〈Ctrl〉键并单击取消选择单个边。按〈Ctrl〉键并双击取消选择边缘循环。Edge loop（E）参数用于选择连锁边缘），然后按〈Enter〉键完成。

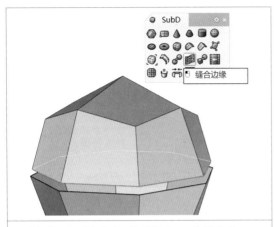

选择第二组顶点或边，然后按〈Enter〉键完成。

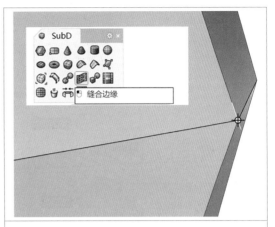

选择缝合位置，可以沿着绿色高亮线滑动位置，右键单击确认中点位置。缝合后的边缘会是锐边化的粗状黑线，可以使用 Remove crease 指令移除缝合的锐边边缘。

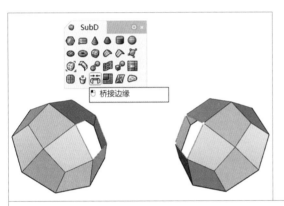

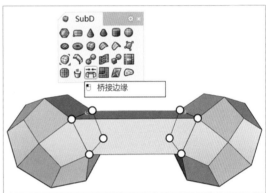

6）桥接边缘（Bridge Meshes or SubDs）指令：在两个 SubD 或网格边缘链之间创建一个桥接。选择两组裸露边链（桥接两端的边数必须一致），根据需要调整对齐方式。

默认边缘选择模式为单击选择一个边，双击选择边缘循环。按〈Ctrl〉键并单击取消选择单个边，按〈Ctrl〉键并双击取消选择边缘循环。

边缘环选择模式为单击一条边以选择一条边缘环。单击的边缘比循环中其他边缘的显示更高亮。按〈Ctrl〉键并单击相同的边以取消选择循环。

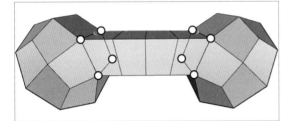

"Segments"表示分段数，即在两个边缘链之间添加的新截面线数量；"Join"表示是否组合连接在一起；"Crease"表示是否为锐边（仅仅勾选"Join"时该参数有效）。

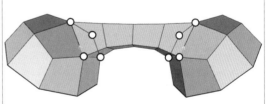

"Straightness"表示平直度。默认值 100% 是直线状态，0% 是隆起或者收缩状态。如果桥接的状态不正确，可以单击一侧的顶点位置来更改桥接状态，单击同一个顶点可以反转方向。

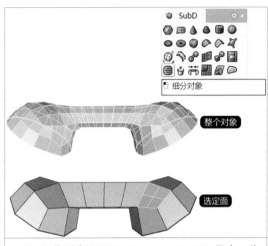

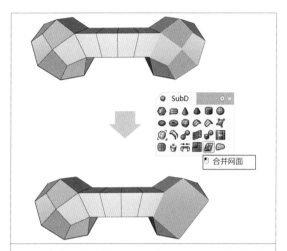

7）细分对象（Subdivide mesh or SubD）指令：将 Catmull-Clark 细分的迭代应用于整个网格 /SubD 对象或选定面。使用〈Ctrl+Shift〉键并单击选择网格或 SubD 的单独网面。

8）合并网面（Merge faces）指令：将一组相连的 SubD 对象或网格面合并为一个面。

合并面孔时，如果选择了顶点，则顶点周围的面将合并为一个面；如果选择了一条边，则该边两侧的面将合并为一个面；如果选择了面部集合，则将它们划分为子集，每个子集合并为一个面。SubD 折痕或未焊接的网格边缘分隔的面不能合并。合并面之前，请使用 Remove crease 命令去除折痕或未焊接的边缘。使用〈Ctrl+Shift〉键并单击以选择顶点或边，然后按〈Delete〉键该顶点或周围的面合并为一个面。如果选择面然后按〈Delete〉键该面处会变成一个开口的孔。

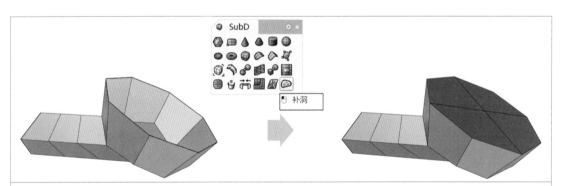

9）补洞（Fill SubD hole）指令：从 SubD 边界边缘创建 SubD 面填充封闭孔洞。单击 SubD 边界边缘选取一个边，或者双击一条边以选择整个边界链。

10）斜角（Bevel）指令：将网格的边缘指定分段倒角 / 圆角。

Offset Mode 偏移模式有比例和精确两种模式，比例模式是斜角量与每个交叉边缘长度成比例数值（0~1），精确模式是所有边缘的斜角量均等距。Straightness（平直度）：该选项控制圆角的弧度造型，当为 0 时是圆弧凸起造型，当为 1 时是平直造型。

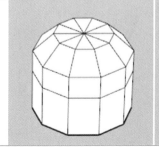

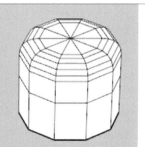

## 第三节　SubD 案例之犀牛饰品建模

### 1. 思路分析

从造型来看，犀牛饰品是有机圆润形态，如图 6-9 所示，所以特别适合用 Rhino SubD 细分多边形建模来完成。因为造型具有侧面特征，所以选择用布线法来构建基础形态，再加厚来做造型调整。

### 2. 建模

犀牛饰品建模步骤如下。

图 6-9　犀牛饰品

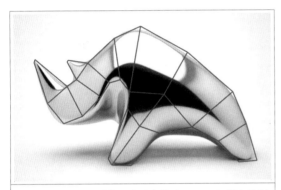

1）导入参考图并使用多重直线（Polyline）指令绘制红色的直线线框，布线时需要注意都是四边结构（注意线不能重叠，不能断开，所有直线必须炸开和在相交处断开）。

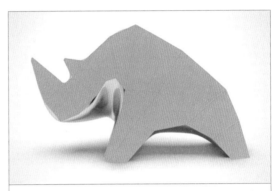

2）使用左侧网格工具组内的 Mesh From Lines 工具从 3 条或以上直线建立网格指令，框选所有红色的线框生成网格面。注意指令参数每个面的最大边数（M）=4，所以如果第二步布线有非四边结构，会导致生成网格面失败。

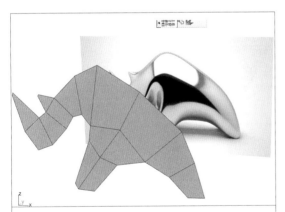

3）隐藏视图内的所有线条，便于后续对面的操作。

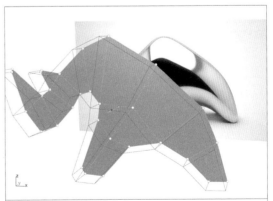

4）按〈Ctrl+Shift〉键选取所有网格面，单击辅助工具栏的"操作轴"激活操作轴工具，可以看到操作轴的绿色轴向箭头中点处的绿色实心圆●，单击绿色实心圆并拖动，生成一个厚度偏移距离。

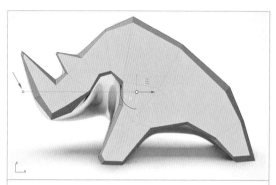

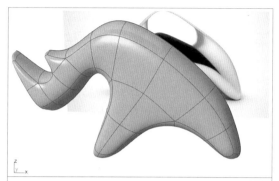

5）按〈Ctrl+Shift〉键点选所有网面后适当缩小一点（可以按〈F10〉键打开对象控制点进行微调，按〈F11〉键关闭对象的控制点）。

6）使用横排 SubD Tools 细分工具选项卡的 To SubD 指令将上一步的网格对象转换为 Rhino SubD 对象，按〈TAB〉键切换平滑和多边形显示状态。

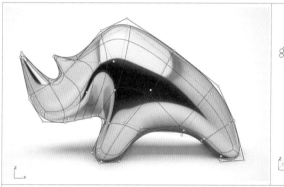

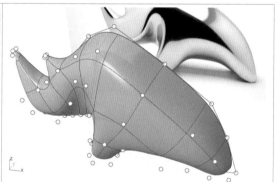

7）在前视图中，按〈F10〉键打开对象的控制点，在平滑模式下调整控制点造型以达到背景图效果，再在透视图中调整犀牛角和脚的控制点造型。

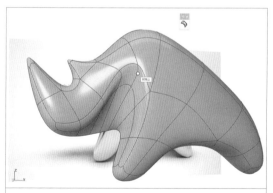

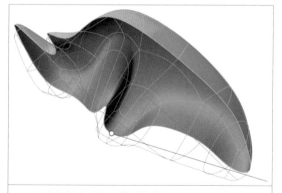

8）按〈Ctrl+Shift〉键选取黄色的边缘线，使用 Insert edge 指令在此处插入边缘，从而构建出硬朗的形态。

9）选取整个对象，使用镜像（Mirror）指令，单击对象轴向的一个顶点，按〈Shift〉键确认镜像，得到模型的另一半。

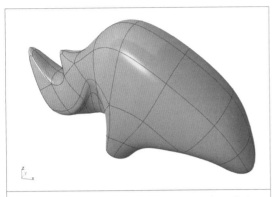

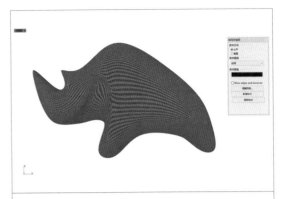

10）选取所有对象并使用 Join 指令将它们组合为一体，将命令行参数中的组合边缘改为平滑模式。

11）在前视图中打开控制点，调整造型以贴合背景图，使用斑马纹检测曲面连续性，发现非常光滑。至此，模型构建完成。

相关设计应用如图 6-10～图 6-13 所示。

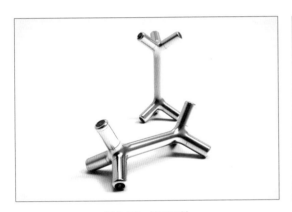

图 6-10　枝形哑铃

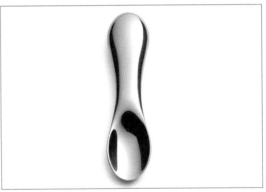

图 6-11　光滑的勺子

图 6-12　犰狳哑铃

图 6-13　咖啡杯

## 第四节　SubD 曲面在产品设计中的应用

### 1.思路分析

电钻的整体造型是手持类形态，如图 6-14 所示。虽然 NURBS 可以制作曲面，但是考虑到方便后期造型的修改调整，所以用 Rhino SubD 细分多边形建模来构建该模型更合适。因为造型具有基本体特征，所以选择用基本体来构建圆柱体形态，再选中中间网面挤出握手部分，最后转成 NUBRS 对象，并完成细节的构建。

### 2.建模

电钻的建模步骤如下。

图 6-14　电钻

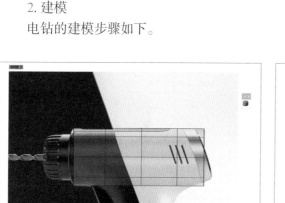

1）导入参考图，使用创建 SubD 圆柱体（SubD Cylinder）指令构建默认圆柱体，删除头尾封闭网面，在前视图中调整造型，使之贴合背景图状态。

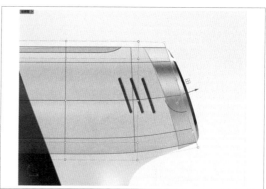

2）按〈F10〉键打开对象的控制点，选取最后一圈控制点，然后打开操作轴，旋转操作轴蓝色弧线来旋转控制点，调整造型至如图所示。

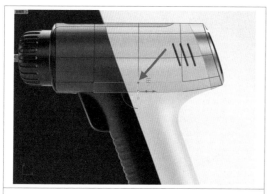

3）在前视图中按〈Ctrl+Shift〉键框选黄色网面。打开操作轴，单击绿色轴中间的实心圆点。

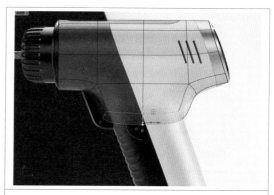

4）按住绿色实心圆点向下移动一段距离，然后删除黄色的网面。

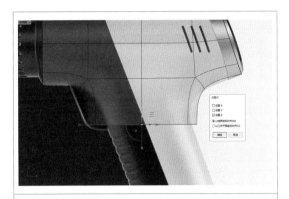

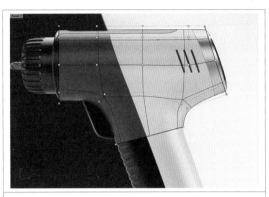

5）按〈Ctrl+Shift〉键并双击底下的边缘，单击 SetPt 设置 XYZ 坐标指令，将整圈边缘线沿着 Z 轴方向拍平。

6）选取整个 SubD 对象，按〈F10〉键打开控制点，选取最底下一排控制点，旋转角度至如图所示的倾斜状态，并调整其他控制点，使模型贴合背景图造型。

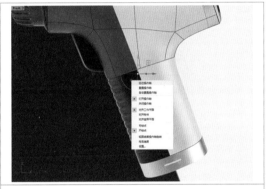

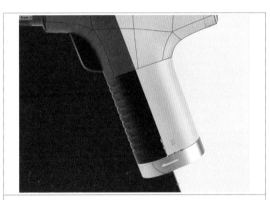

7）在前视图中，按〈Ctrl+Shift〉键双击底下的边缘并打开操作轴。单击操作轴的白色空心圆圈，在弹出的菜单中选择"定位操作轴"。

8）单击如图所示黑白交界处的定位点，横方向单击金属边缘方向，竖方向单击黑白交界方向。

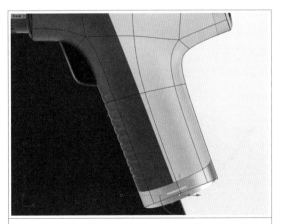

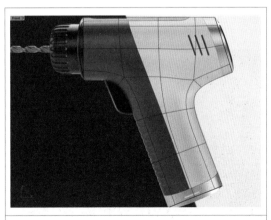

9）鼠标单击操作轴绿色箭头中间的绿色实心圆点，挤出，如图所示。

10）在挤出的长度的中点处使用 Insert edge 指令插入一整圈边缘线。

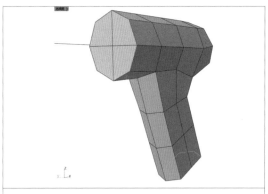

11）使用填充孔洞（Fill）指令封闭前面和底下开口处的网面，然后选取整个黄色边缘，使用添加锐边（Crease）指令将此处变为锐边。

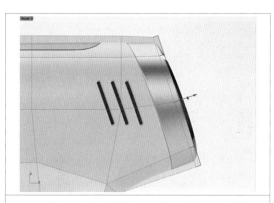

12）同理，对后面尾部开口处填充孔洞。然后选取生成的四块网面，并挤出一小段距离。

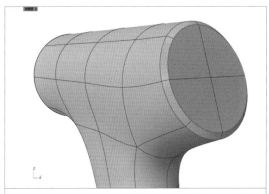

13）选取电钻尾部两圈黄色边缘线，并使用添加锐边（Crease）指令将此处变为锐边。

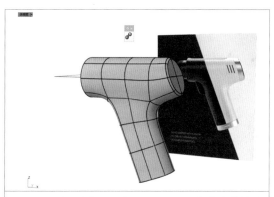

14）选取整个模型，使用 To NURBS 指令将其转变成 NURBS 对象，把原始 SubD 对象隐藏在图层中，方便后期修改调整造型。至此，就完成了电钻主体的多边形部分建模。若后期需要调整造型，再次显示隐藏的 SubD 对象并调整即可。

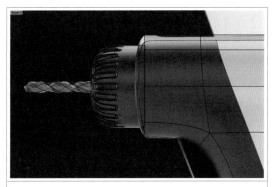

15）接下来可以使用传统 Rhino7 工具制作细节部分。如图所示构建钻头部分的细节。

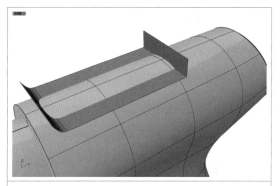

16）在前视图中绘制顶部红色渐消造型曲线，拉伸成曲面并用其将实体分割。

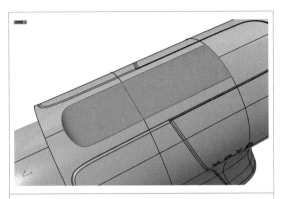

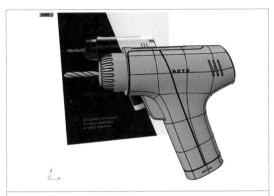

17）使用双轨扫掠生成如图所示的红色曲面，调整好曲面与机身的连续性关系，并将其与机身组合。

18）构建出电钻的扳机、分模线等细节并倒角。至此，模型构建完成。

相关设计应用如图 6-15 和图 6-16 所示。

图 6-15　无人机

图 6-16　音箱底座

## 第五节　逆向拓扑为 SubD

　　逆向拓扑为 SubD 是指自动把模型造型结构重新拓扑为四边面结构，例如，工业 3D 扫描的网格数据或者点云数据等可以通过 Rhino7 的新功能 Quad Remesh 指令来重新拓扑转换为四边面结构造型，便于后期多边形细分建模所用，如图 6-17 所示。

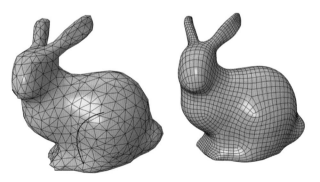

图 6-17　重新拓扑转换为四边面结构造型

执行 Quad Remesh 指令后弹出如图 6-18 所示指令对话框。该指令支持输入对象为曲面、多重组合曲面、挤压对象、网格 /SubD 或 STL 点云数据对象等。

（1）Target Edge Length 用户创建四边网格的边缘长度数量（2~8）。其数值越小，会有越多的四边面来贴合造型，如图 6-19 所示。

（2）Target Quad Count 用户创建四边网格的目标数量。其数值越大，会有越多的四边面来贴合造型。这是算法的目标，最终的面数量可能更高或更低。

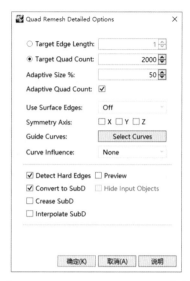

图 6-18 "Quad Remesh Detailed Options" 指令对话框

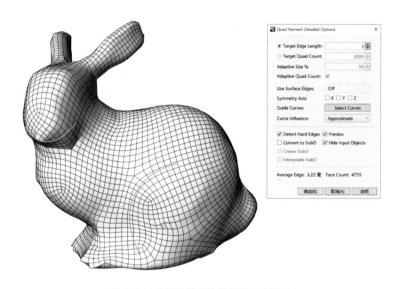

图 6-19 设置四边网格的边缘长度数量

（3）Adaptive Size 自适应尺寸参数（0~100），该值越高，在高曲率处计算出的网格尺寸就越小，同时它会影响最终创建的四边网格数量，一般情况使用默认值 50 即可。设置为 0 时可获得最小数量的、均匀大小的四边面，大于 30 的值将减少对四边面的控制范围，较高的值会导致高曲率区域中的四边面变小，设置为 100 时可保留更多详细信息，如图 6-20 所示。

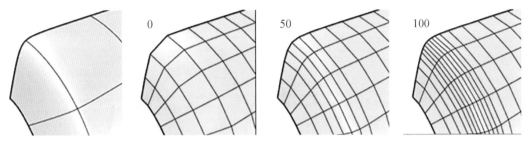

图 6-20　设置自适应尺寸参数

（4）Adaptive Quad Count　自适应四边面数参数，勾选该参数可以让模型曲率较大的区域得到更多的结构网线支撑，如图 6-21 所示。左图是关闭勾选的状态，结构网线排列较少造型简洁，但是比右图开启该参数时的造型饱满度要差一些。

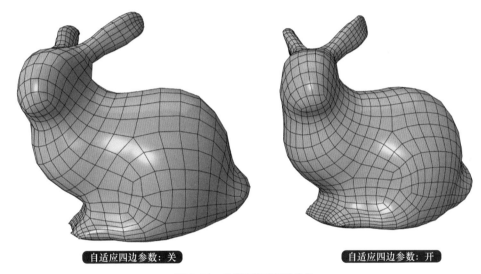

自适应四边参数：关　　　　　　　　　　　　　自适应四边参数：开

图 6-21　设置自适应四边参数

（5）Use Surface Edges　使用曲面边缘（仅适用于多重曲面 / 拉伸曲面）指定子面边界驱动四边形网格划分，如图 6-22 所示。Off 表示关闭参数，忽略子面边界；Smart 表示智能参数，即除算法确定为无意义的边界外，其余均保留为子面边界。这通常是最佳选择；Strict 表示精确参数，即保留所有子面边界。其结果跟智能参数状态相同。

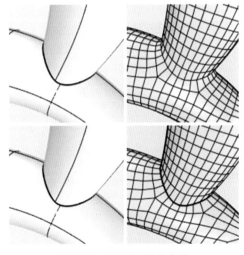

图 6-22　设置曲面边缘参数

（6）Symmetry Axis　对称轴参数，如图 6-23 所示。该选项可以在对象轴心 XYZ 坐标轴执行对称网格化，对象需要选择正确的对称轴才能显示正确的结果。

（7）Guide Curves　引导曲线参数。四重网格划分算法将尝试沿引导曲线放置边缘环或复制边缘环。引导曲线可用于定义更多细节，或仅影响区域中四边形重新啮合的方向，如图 6-24 所示。引导曲线必须投影到输入对象上才能生效。单击"选择曲线"以选择辅助曲线。

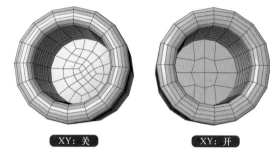

XY：关　　XY：开

图 6-23　设置对称轴参数

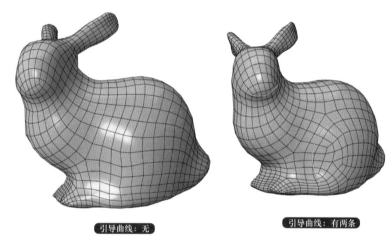

引导曲线：无　　引导曲线：有两条

图 6-24　设置引导曲线参数

（8）Curve Influence　曲线影响参数，如图 6-25 所示。

1）Approximate 表示近似贴合。通过影响四边面的自然流动来调整其总体方向。引导曲线对结果的影响很小。

2）Create Edge Ring 表示创建边缘排列。使交叉边缘垂直于引导曲线。引导曲线对结果的影响很大，但是边缘排列可能不完全遵循引导曲线。

3）Create Edge Loop 表示创建边缘循环。沿引导曲线放置边缘循环。引导曲线对结果的影响最大。

（9）Detect Hard Edges　检测硬边参数，如图 6-26 所示。使用 30° 折断角阈值将四边形网格划分为硬边（折边）。如果两个相邻面之间的折角大于 30°，则将添加硬边环。

图 6-25　曲线影响参数

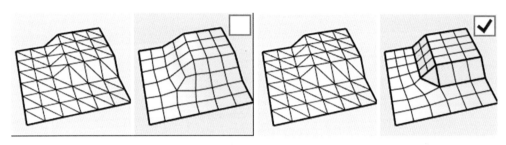

图 6-26　检测硬边参数

**TIPS**　如果输入网格是杂乱的，请关闭此选项，以避免添加意外的硬边。

1）Preview 表示预览四边面参数，即预览四边面重新啮合的结果。更改设置后，预览将自动更新。

2）Hide Input Objects 表示隐藏输入对象参数。如果输入对象的线框密集，则预览将不可见。启用此选项以查看预览，如图 6-27 所示。

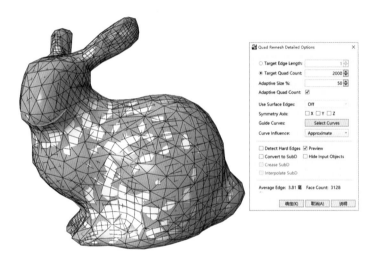

图 6-27　隐藏输入对象参数

（10）Convert to SubD　将生成的四边面网格转换为 SubD，从而生成平滑的曲面。如果可能，将保留硬边缘。

（11）Interpolate SubD　内插 SubD 参数，如图 6-28 所示。

1）启用时将四边面网格顶点用作 SubD 顶点。SubD 将位于四边面网格上。通常用于逆向工程。

2）关闭时四边面网格顶点用作 SubD 控制多边形点。结果将略小于或大于输入形状。

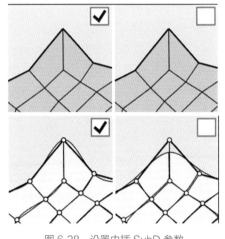

图 6-28　设置内插 SubD 参数